# 婴幼儿观察

Infant and Young Child Observation in China

## 从养育到治愈

主　编◎施以德
副主编◎杨希洁　巴　彤　李斌彬

华夏出版社
HUAXIA PUBLISHING HOUSE

# 目 录

1 序　尼迪娅·利斯曼－皮桑斯基

1 前言　巴彤　施以德

**第一章**

1 **观察性学习**

3 婴幼儿观察与临床实践

　　尼迪娅·利斯曼－皮桑斯基

25 工作讨论小组：从反思性实践中学习

　　莎伦·阿尔佩罗维茨　巴彤

35 理论讨论　施以德

**第二章**

51 **婴儿观察**

53 婴儿未命名的内心世界　郭晶昉

69 多人照料情境下母婴关系的重要性　何雪娜

87 婴儿的心理与皮肤　张涛

96 婴儿游戏中的成长密码　戴艾芳

113 与母亲分离后婴儿的行为变化　胡斌

135 如何应对婴儿的攻击性　蔡惠华

148 二孩家庭中大孩子的心理困境　高宁

1

**第三章**

163　**幼儿观察**

165　上幼儿园的奇妙能力　施以德

173　游戏中的魔法世界　戴艾芳

182　老师，请和我一起变得"足够好"　杨希洁

**第四章**

195　**婴幼儿观察与临床实践**

197　婴儿观察中的身体反应和躯体反移情　郑凯

210　亲子小组的力量：观察促进母亲们的转化

尼迪娅·利斯曼－皮桑斯基　佩姬·蒂尔曼　梅根·特尔非尔

226　从婴幼儿观察到亲子和儿童心理咨询　施以德

239　请个月嫂：婴儿、母亲和月嫂的内在世界　巴彤

251　后记　巴彤

261　作者简介

# 序

尼迪娅·利斯曼-皮桑斯基[1]
（Nydia Lisman-Pieczanski）

这本关于观察性学习（Observational Studies）的书姗姗来迟，因而更令人感到值得期待。本书由中国大陆首批具有高度专业能力的婴儿观察老师怀着满腔热忱编纂而成。这些老师建立的培训中心也成为美国华盛顿精神病学学院[2]观察性学习培训项目的中国分支机构。

本书主要收录了参加中国婴儿观察（Infant Observation）培训项目的学生的文章，文章详细阐述了在为期两年、每周一次的观察设置下学生所提出的不同观察主题。毫无疑问，对于从该项目毕业的学生来说，老师们对婴儿观察的理解能够帮助他们强化临床技能，这一点对老师自身亦复如是。

作为华盛顿精神分析中心的培训分析师，我是偶然受邀，对中国学生进行为期一年的婴儿观察培训的。这些学生全部是中美

---

1 译注：本文原文为英文，由李斌彬翻译。
2 原注：华盛顿精神病学学院（Washington School of Psychiatry, WSP），于1936年在哈里·斯塔克·沙利文（Harry Stack Sullivan）带领的小组的基础上成立，有着骄人的历史，提供跨学科的培训和研究：精神动力学理论、精神分析、社会和生物科学，以及文化对人类心智发展的贡献的研究等。

精神分析联盟（China American Psychoanalytic Alliance，CAPA）的培训项目的毕业生。所有的教学通过网络视频会议完成。

起初，我对此项目感觉寥寥、兴趣不大，因为我一直相信，如果要创造出一种工作坊的氛围、一个共享的空间来探索原始焦虑，那么我需要和学生坐在一起，需要能够感觉到彼此以及内在的联系。最终，我还是决定试一试，但要求他们在小组讨论时聚在一起，学生们都表示同意。后来，我们所建立起来的亲密感堪称神奇。

当他们开始寻找家庭做每周一次的家访观察时，我提供给他们玛格丽特·拉斯廷（Margaret Rustin）所著的《婴儿观察》（Closely Observed Infants）一书的第一章，几个月后，他们发现这本书有台湾翻译的中文版，这也是当时有关婴儿观察的唯一的中文译著。在婴儿观察小组讨论的初期，学生们都太沉默，我感觉自己很想从他们那里"挤出"更多一些的东西，但我没有那么做。当沉默时间太长时，我告诉他们自己用中文讨论5～10分钟。我看到他们讨论得很热烈，根本停不下来。我问他们的评论和想法。有时他们需要用中文聊一会儿来形成他们觉得能够与我分享的想法。

时间匆匆过去，他们都很快地找到了接受观察的婴儿，比我的华盛顿学生找婴儿快多了。我们有12或13个小时的时差，这对我们有些微妙的影响，我早上醒来开始一天的工作，而他们已经倍感疲惫，还要在一起紧张地讨论观察报告，直到北京时间晚上十点半。他们都很勤奋，每周都提前1个小时聚在一起，讨论我提供给他们的婴儿观察的相关论文，这些论文和我们在华盛顿婴儿观察培训中用到的一样，我用光盘刻录寄给他们。

| 序 |

虽然我们距离遥远,但我却又能很近距离地看到,在小组讨论中面对观察者难以消化的材料时,他们如何发展出找到重心,并且在想法和情感反应上相互给予帮助的能力。他们成为同伴的容器（container）,也帮助我成为他们小组的好容器。当他们完成两年的婴儿观察后,又继续完成了美国华盛顿精神病学学院的整个观察性学习项目。

后来,我们变成了合作者,他们也建立了"麦德麦德教育咨询"[1]的专业机构。本书中的文章作者,除几位老师外,都毕业于该机构的婴儿观察项目。当我看到我的学生成长为婴儿观察的老师,还组织自己的学生一起编写了此书,我倍感欣慰。我们之间的合作还在继续,我们现在依然定期在一起工作。

现在,中国有了第一本婴儿观察以及观察性学习的书籍,它反映了编者以及文章作者的高水平工作成果。

婴儿观察项目始于1948年,由具有远见卓识的埃丝特·比克在英国伦敦塔维斯托克研究所创立[2],此后,该项目在世界各国得以推广。作为曾经的受训团体,本书的编者使广大读者有机会与全世界有共同兴趣的人们沟通,编者们也引以为傲。

本书详细阐述了婴儿观察是什么,而不是笼统地简要介绍。

---

1　原注：麦德麦德教育咨询（Mind in Mind Education and Counseling）,简称"麦德",Mind in Mind 的含义是"心里有另一个人的心"。

2　原注：埃丝特·比克（Esther Bick）于1947年在伦敦塔维斯托克研究所（Tavistock Institute）创立了婴儿观察这个方法。当时,约翰·鲍尔比（John Bowlby）负责儿童精神科部门,邀请埃丝特·比克组织儿童心理咨询培训项目。

**3**

它包括了观察者如何感受那些来自婴儿或幼儿，甚或其家庭成员的躯体及情感体验，将其在心智里抱持，并尝试着构建这些体验的意义。在见证了婴儿与其照料者之间逐渐发展出来的亲密且复杂的关系时，观察本身就促进了我们对儿童发展中外显或内隐过程的深刻理解。在本书中，麦德的学生们选出了他们在两年观察中逐渐发展出的主题并加以阐述，读者可以了解到婴儿观察项目的发现和发展，以及它在临床实践中的应用。

从我作为老师到带出新的婴儿观察老师，我觉得这本书对我而言就像新生命的诞生，像自己的孙辈们出生了一样。我很荣幸能够参与这一代思想开放、富有好奇的优秀的婴儿观察者的成长过程。

# 前言

巴彤 施以德

2009年的暑假,当其他一起受训于中美精神分析联盟的同组同学开始享受第一年高强度训练后难得的悠闲时光时,我们——巴彤、李斌彬、杨希洁和施以德等几个人却处于新的焦虑和不确定之中。因为华盛顿精神分析中心的老师把华盛顿精神病学学院的一位名叫尼迪娅·利斯曼-皮桑斯基的老师介绍给我们,希望我们可以在她的带领下,接受一个为期两年的被称作婴儿观察的远程训练,以拓展不同文化下的培训实践。中心介绍的这位老师是国际精神分析联盟(International Psychoanalytical Association)的培训分析师和儿童精神分析师。当时,我们参与的中美精神分析联盟的培训是每周一次的远程在线课程,每周需要阅读大量的英文文献,再加上参加个体督导需要写英文逐字稿,每个人的付出和工作量都非常大。我们真的还要给自己加码,再参加一个还搞不清楚是什么的培训吗?我们了解到的是,每周都要进入家庭观察,写英文的观察报告,参加小组讨论,为此,我们着实纠结了一阵子。不过,也许就如同人类的婴儿具有不容忽视的能力,可以吸引身边的成人与其互动,照看其身心的发育发展一样,"婴儿观察"这个名字似乎冥冥之中吸引了我们,我们答应了,但说好先做一年,因为我们不确定能够坚持下来。确实啊,我们真的不知道这件事在实际中该怎么做，又能收获什么。而摆在面前的实实在在的焦虑是，我们要想方设法地在暑假结束前找到一位孕妇，她的孩子最好在9月出生，而我们要得到她和她的家庭的同意，到她家里去观察婴儿，每周观察一次！

"什么？"当亲朋好友听到我们需要他们帮助寻找孕妇的请求，基本上都是先一脸困惑地这么问。当年的我们并不理解，我们面对的焦虑，用专业的术语来描述叫作"原始焦虑"（primary anxiety）。因为没有亲身经历过，这种我们自己也说不清楚的不确定感引发的焦虑，跟一位即将做妈妈的孕妇及其家庭面对的焦虑是一样的——新生婴儿即将诞生引发的原始焦虑。当年的我们并不知道，当我们体验到这种焦虑，从这一刻起，我们的培训就已经开始了。在后来的这些年里，我们越来越深刻地体会到，这是一种别具一格的教学范式，在各种情绪情感的体验中学习，我们的收获有多么丰厚。

后话是，经过了大海捞针般的艰难寻找之后，在2009年秋天开学之际，我们每个人都找到了一个愿意接受我们上门观察的家庭，开始了我们后来知道的由埃丝特·比克创建的、现在被广泛称为塔维斯托克模式（Tavistock Model）的婴儿观察训练。当婴儿观察训练进行了半年的时候，我们众口一词地向尼迪娅老师提出，我们收回原来先做一年的计划，我们要做完整的两年培训！

2011年，我们四位完成了婴儿观察的训练。两年来，我们亲身经历了自己对心理发展的理解得到深化的过程，自己在临床工作中的空间又得到拓展，我们期望这样的体验性学习可以继续深入，于是，我们又开始在华盛顿精神病学学院接受同一观察性学习项目的塔维斯托克模式工作讨论（Work Discussion）培训，以及名为"看一看，等一等，想一想"（Watch, Wait & Wonder，也称作"3W亲子互动辅导"）的母婴早期干预培训，均为期一年。经过三年这样的全面培训，我们体会到了这样的观察和体验性的学习对我们每个人的临床工作带来的深刻影响，当尼迪娅老师推动我们在她的督导下带领中国当地的小组用中文工作时，我们感到责无旁贷。此间，在首届中国心理治疗大会上，我们四位毕业生以中国第一个塔维斯托克模式婴儿观察小组的身份开办了关于婴儿观察的工作坊，分享亲身的经历体验，帮助国内同行第一次认识到这种独特的专业训练模式，并由此激发了同行们对这一培训的好奇与热情。

2012年，我们四位毕业生创建的麦德麦德教育咨询开始招收第一批中国本土的婴儿观察小组。为了使更多同行了解这样一个新型的培训范式，也因为我们第一次带领中国本土的小组而产生的不确定感，我们决定免费带领第一批中国小组。经过面试精选，12位同行加入我们的两个婴儿观察小组，他们幸运地成为第一批可以用母语写作，可以在同一空间参加小组讨论的同行。在课程开始的初期，华盛顿精神病学学院的尼迪娅老师和另一位分析师阿尔韦托·皮桑斯基（Alberto Pieczanski）来到北京，跟我们以及第一批学员见面，跟同行们分享塔维斯托克模式观察性学习项目的教学范式、整体结构和理论背景。更重要的是，经历三年远隔重洋的工作，这一次，我们终于有机会彼此得见，尼迪娅欣喜地说："我终于闻到你们的气味了。"这一次的会面，两位老师也帮助麦德把第一次带领本土婴儿观察小组的准备工作做得更加扎实。

9月，两个新的小组开始工作了。尼迪娅以督导的身份继续跟我们一起不懈地努力，我们四位从毕业生变为老师，两两搭档，各带领一个小组。12名学员也像我们当年一样，带着极大的焦虑和不确定感进入培训，找到愿意接受观察的家庭，遵循训练的设置，周复一周地观察婴儿的成长，小组中文的语言环境和彼此在一起的空间环境，使小组讨论成为足够好的容器。作为老师，我们也再次经历如新手妈妈一样的原始焦虑，面对新的不确定。尼迪娅像一位老祖母一样，既抱持住我们的忐忑，又保护着我们和学员之间自主发展的空间，不过度侵入。正如人类母婴关系的发展，小婴儿有能力教会新妈妈怎样做，只要妈妈能够承载自己的焦虑，耐心观察，就有从婴儿身上学习的机会。有尼迪娅的容纳，我们也承载自己作为新手老师的焦虑，维护好小组讨论的框架，使学员们的观察和体验的材料在讨论中被不断地展开和深化。对于我们，除从受训学员到带组老师的转变外，另一个新的体验是我们用自己的母语工作！

又一个两年过去了，在这一届学员的毕业日，看到他们在毕业论文中将自己的洞察娓娓道来——我们欣喜地看到这一批学员的成长。有了这一届带组的经验，我们从2014年开始提供远程学员的培训，这两个组的学员也竿头日进般成长。在这一届学员将要毕业之际，我们萌生了写一本书的想法，把历届中国学员对本土婴儿观察的体验和思考呈现给读者。塔维斯托克模式的婴儿观察项目在中国开展了八年时间，相比于它的发源地英国，我们才刚刚起航。但看到麦德的学员们在这个领域所做的探索，已然不再是蹒跚学步的婴儿，而是有力量和能力的少年、青年，他们以

| 前言 |

精神分析的视角，探索眼前这个人类心灵最初的成长。观察者探索和成长的历程，对观察中国婴儿的材料、理论和应用的了解和思考，让我们萌生了写作本书的意愿：将观察性学习的态度、技术和经验推广至更大范围的专业人士，推动临床工作者了解并运用观察性的态度与技术，以提高临床效果；帮助对此感兴趣的照料者透过观察者的视角，提高对儿童内在世界的意识，以提供更好的养育，在婴儿和他们的互动中，帮助这个小宝宝获得足够好的发展。

思考与写作的过程是另一个探索的过程，其中最值得提及的是在写作项目进程中整个写作团队对伦理议题的讨论和思考。为了保障写作项目在符合伦理的框架下推进，麦德正式成立写作项目伦理组，并邀请项目之外有经验的同行进入其中。经过伦理组与全体写作组成员的层层递进和方方面面的讨论，以及和华盛顿精神病学学院的澄清，帮助全体写作成员一如既往地遵循中国心理学会临床与咨询心理学伦理守则开展和推进写作项目，在该伦理守则的框架下，思考并处理写作过程中涉及的专业关系、隐私权与保密性、研究与发表等相关内容。每位作者都向家庭传递了写作项目的意愿，家庭在了解的基础上均表示同意使用他们的材料。本书写作涉及的临床材料，也都依据伦理守则的要求，做了必要的处理或征得来访者的同意。在这里，我们诚挚地感谢所有支持我们出版本书的家庭！

关于本书的写作，从萌生想法到交付书稿，整个项目由施以德牵头组织，巴彤负责伦理事宜，并得到肖广兰的专业建议。巴彤、李斌彬、施以德负责汇集初稿，并协助每一位作者整理思路、修改稿件。本书涉及的英文稿件的翻译由李斌彬、巴彤和施以德完成。杨希洁、郑凯负责全书的术语统一和修订。

  我们真诚地感谢麦德的两位同事，肖广兰和马丽平，她们作为书稿的第一读者，提供了非常直接和宝贵的修改意见，使本书更加贴近读者的需求。

  感谢华夏出版社的编辑刘娲和贾晨娜，在编辑本书的过程中，她们反复与麦德编辑团队讨论磋商，以专业的出版经验帮助本书更加统整。

  在众多人的支持下，我们完成了目前的这部书稿。从内容上，它分为四个部分：第一章遵循观察性学习项目的框架，介绍婴幼儿观察、工作讨论和理论讨论；第二章是关于婴儿观察中各个主题的文章；第三章是关于幼儿观察的文章；第四章是关于婴幼儿观察与临床实践的文章，作者们对把观察性学习应用于临床工作进行了探讨。从形式上，本书以合集的形式，以不同的主题构成了四大部分内容。从作者阵容上，不仅有麦德的老师和优秀的毕业生，还有来自华盛顿精神病学学院的名师。

  此外，在书稿的加工润色过程中，我们逐渐了解到，本书的一些特点可能会引起读者的疑惑，针对这个问题，我们希望补充说明三点，以帮助读者了解这个独特的范式及其蕴含的意义。一是本书所汇集文章的蓝本是麦德学员们的毕业论文，对于毕业论文，我们更侧重内容而不拘泥于形式。在最初构思合集时，我们参考国外专业文章的形式，文章结构包括关于主题的介绍、相关理论、观察/临床案例、讨论和结论。同时，我们希望给予作者充分的表达和发挥的空间，并不严格要求统一模式。因此，读者会发现各篇文章的结构和侧重略有不同。从阅读的角度来说，不同的文章之间可能欠缺统一性，而好处在于作者得以保留其个人特色，正如每个人都有其发展而来的不同的人格和气质。

二是对于不甚了解婴幼儿观察的读者来说，文章中作者分享的个人情绪可能会使他们产生些许困惑，甚至怀疑婴幼儿观察这个培训方式的科学性。我们希望借此机会告诉人们，婴幼儿观察培训有别于以理论和技术为主导的培训，婴幼儿观察的目的之一就是提高观察员/临床工作者对于情绪的觉察与容纳能力，这种能力无论对于养育还是对于临床工作都同样重要。当代神经科学的研究发现告诉我们，婴儿从出生开始就拥有完全发展成形的、管理身体行动的爬行脑和管理情绪的情绪脑，有能力参与并调节同照料者的互动。而人脑中管理意识、说话、写作、推理、决策、判断等能力的新皮层，却是在出生后的头三年中发展的，管理外显记忆的海马也是在晚些时候才成熟起来。因此，婴儿在生命的头几年里已经发展出完整的以行动编码的程序记忆及情绪性记忆，但缺乏外显/象征记忆（拉斯廷，2015）。这些用行动和情绪写就的"程序"是无法在意识层面解开的，它需要另一个人用自己开放的情绪体验来接收、体会，并思考。

毕比（Beebe）等以婴儿为对象的研究者（2012）的研究结果表明，根据婴儿在几个月大的时候与照料者的互动，便能够判断其以后的依恋模式。依恋模式所包含的是自我和重要他人的形象，以及他们之间的互动方式、关系模式及相关的情绪。以行动和情绪记忆编码的依恋模式不在意识层面，未能被思考，但它会持续地在潜意识里影响个体一生的发展，甚至影响下一代。安全的依恋模式有赖于照料者去觉察尚没有语言的婴儿的行动背后的需要、动机和情绪，并及时地做出适当的反应，即共情与调节的能力。而一些照料者自身的养育经验、成长史、创伤史、生理或心理疾病、由亲密关系和生活而来的压力等，影响了他们对婴儿共情与调节的能力，倘若这种影响持续不变，那么婴儿就会形成不安全的依恋模式。因此，提高照料者对婴儿的行动和情绪的觉察，以及对自己的情绪如何影响对婴儿的反应的觉察，是亲子心理咨询的工作重点（例如，Cohen 等，1999；Beebe，2005）。

在精神动力学/精神分析的心理咨询框架里，咨询师与来访者的关系常常被比喻为母婴关系（例如，Winnicott, 1949；Loewald, 1960）。咨询师需要了解来访者的潜意识——通过其行动所表达的未能言语化的需要、动机和情绪。咨询师通过觉察自己的情绪反应与联想，也许可以了解来访者的潜意识，也可以了解自己可能存在的、会阻碍对来访者的共情与调节能力的困难（Racker, 1957）。婴幼儿观察作为培训咨询师的前置训练，担当了重要的任务，即在不需要学员承担干预责任的情况下，集中以体验的方式学习非言语的、潜意识层面的行动与情绪，包括观察对象和自己的情绪过程，并以观察材料作为佐证，分辨物理现实和心理现实。因此，本书的文章中包含观察员的个体情绪体验，这一部分是了解观察的对象和现象的宝贵的辅助材料。

三是就研究方法而言，观察员通过自然观察法了解常规的婴儿与照料者的互动和发展，虽然他们或多或少地具备一些精神分析的知识，但每次在观察和记录时，他们并不使用理论和术语来预设所观察的材料，而是尽量把自己所看到、听到、闻到、感觉到的，依照顺序写下来。在小组讨论中，组员慢慢地从原来毫无头绪的材料里，发现了一些现象和反复出现的模式，这时再辅以理论来尝试理解。在写作文章时，作者对于感兴趣的现象和模式，或者尝试用理论来阐释，或者就其所发现的现象和模式，进一步讨论相关理论，深化其中蕴含的意义。文章中每一个被观察的婴儿与家庭就是一个案例，这种个案研究法可以用来探究那些从大规模的统计中研究推论出来的某些社会历程和机制。由于婴幼儿观察培训所具有的目的和特点，文章并不是经过预先设计的研究报告，我们也无法根据这些研究成果做出科学性推论，甚至，婴幼儿观察法无法如临床研究那样形成较为完备的理论，但它能够针对情绪的历程，提供新的、无偏见的证据（Rustin, 2009）。

下面，请和我们一起，沿着作者们探索的脉络，开始阅读和体验之旅。

## 参考文献

朱迪思·拉斯廷. 婴儿研究和神经科学在心理治疗中的运用——拓展临床技术. 郝伟杰，马丽平，译. 北京：中国轻工业出版社，2015：15-40.

Beebe, B. (2005). *Mother-Infant Research Informs Mother-Infant Treatment*. Psychoanal. St. Child. 60: 7-46.

Beebe, B, Lachmann, FM, Markese, S & Bahrick, LE (2012). *On the Origins of Disorganized Attachment and Internal Working Models:*

*Paper I*. A Dyadic Systems Approach, Psychoanalytic Dialogues: The International Journal of Relational Perspectives. 22: 2, 253-272.

Beebe, B, Lachmann, FM, Markese, S, Buck, KA, Bahrick, LE, Chen, H, Cohen, P, Andrews, H, Feldstein, S & Jaffe, J (2012). *On the Origins of Disorganized Attachment and Internal Working Models: Paper II*. An Empirical Microanalysis of 4-Month Mother-InfantInteraction, Psychoanalytic Dialogues: The International Journal of Relational Perspectives. 22: 3, 352-374.

Cohen, NJ, Muir, E, Lojkasek, M, Muir, R, Parker, CJ, Barwick, M, Brown, M (1999). *Watch, Wait, and Wonder: Testing the Effectiveness of a New Approach to Mother-Infant Psychotherapy.* Infant Mental Health Journal, Vol. 20(4), 429-451.

Loewald, H.W. (1960). *On the Therapeutic Action of Psycho-Analysis.* International Journal of Psycho-Analysis. 41: 16-33.

Racker, H. (1957). *The Meanings and Uses of Countertransference.* In *Transference and Countertransference.* Psychoanalytic Quarterly. 76(3): 725-777.

Rustin, M (2009). *Observing Infants: Reflections on Methods.* In Closely Observed Infants. Ed Miller, L, Rustin, M, Rustin, M, Shuttleworth, J, London: Duckworth, 52-75.

Winnicott, D W (1949). *Hate in the Counter-Transference.* In Int. J. Psycho-Anal. 30: 69-74.

# 第一章

# 观察性学习

本章介绍观察性学习的四大板块：婴儿观察、幼儿观察、工作讨论、理论讨论。

1. 读者可以从尼迪娅·利斯曼-皮桑斯基（Nydia Lisman-Pieczanski）老师所写的《婴幼儿观察与临床实践》一文中，了解婴儿观察和幼儿观察的起源、发展、设置、部分理论和在临床实践中的意义，并且能够看到一篇外国学员的观察报告，从而直观地认识婴儿观察。

2. "工作讨论"是一种鲜为人知的培训方式。莎伦·阿尔佩罗维茨（Sharon Alperovitz）老师以第一人称介绍她培训中国学员的经验，介绍工作讨论的设置和意义，然后由巴彤接棒介绍工作讨论培训在中国的情况。

3. 在《理论讨论》一文中，施以德介绍观察性学习中"理论讨论"的学习范式、观察性学习的理论框架，并用一个中国婴儿的观察片段来阐释婴儿观察与理论的关系。

# 婴幼儿观察与临床实践

尼迪娅·利斯曼-皮桑斯基[1]

## 历史与背景

婴儿观察的经验始于1948年英国伦敦的塔维斯托克临床中心[2]。婴儿观察是由儿童精神分析师埃丝特·比克[3]发展出来的一种特有的体验性训练方法,她和约翰·鲍尔比[4]共同将其纳入儿童心理治疗培训项目[5]。最初,这种培训主要面向志在成为儿童心理治疗师的专业人士,随后逐渐发展至其他领域的专业人士:心理学家、医生、社会工作者、教师、护士,甚至是负责伦敦街头儿童青少年工作的警察。最终,婴儿观察成为伦敦的英国精神分析学会的精神分析培训的一部分,并引起了欧洲和南美洲国家的关注。

---

1 译注:本文原文为英文,由李斌彬、施以德翻译。
2 原注:塔维斯托克临床中心(Tavistock Clinic),位于英国伦敦的精神健康专业机构,其教育和培训部门每年招收来自国内外2000名学生。
3 原注:埃丝特·比克(Esther Bick, 1902~1983),儿童精神分析师,对英国儿童治疗的发展产生了重大影响,并因提出精神分析性婴儿观察而著名。
4 原注:约翰·鲍尔比(John Bowlby, 1907~1990),英国精神科医生、精神分析师,因提出依恋理论而著名。
5 编注:幼儿观察在其后才被正式列入塔维斯托克培训。

纽希娅（Nusia），也就是我们熟知的埃丝特·比克，是一位杰出的人物和慷慨的老师。她组织的每周一次的讨论激励了一大批分析师和学生。我年轻时有幸参加了她的一个小组。跟随她学习，对我作为精神分析师的工作产生了转化性的影响。不过她付梓甚少，但她的弟子唐纳德·梅尔策（Donald Meltzer）、玛莎·哈里斯（Martha Harris）、克劳德（Claude）与埃莉诺·韦德尔斯（Eleanor Wedelles）、玛格丽特·拉斯廷（Margaret Rustin）、安·阿尔瓦雷斯（Ann Alvarez）等人扩展了她的观点，并出版和发表了许多书籍和文章。

埃丝特·比克出生在波兰普热梅斯，是一个非常贫穷的犹太难民。她在经过了一个快乐的童年之后，成年的大部分时间是在逃离迫害和饥饿中度过的。在成为精神分析师之前，她是一位心理学家，战争期间，她在幼儿园工作。那个时期，婴儿都是洗漱好、吃完早饭后就被绑在椅子上，直到午饭时间。见证这些让她感到十分痛苦，并足以激起她想要改善婴幼儿生活的强烈愿望。比克来到英国后，居住在曼彻斯特，接受迈克尔·巴林特[1]的分析。在曼彻斯特，她遇到了后来也成为精神分析师的贝蒂·约瑟夫（Betty Joseph），战后，他们三人都搬到了伦敦。比克从英国精神分析学会毕业后，开始接受梅拉妮·克莱茵（Melanie Klein）的分析。在伦敦安顿下来后，时任儿童精神科部门主任的约翰·鲍尔比邀请她开展儿童心理治疗项目。这一工作激发了她的创造性，

---

[1] 原注：迈克尔·巴林特（Michael Balint），匈牙利籍精神分析师，客体关系学派提倡者，其大部分成年生活在英国度过。

并为她的一些重要想法的萌生提供了合适的土壤。在1948年到1949年间，比克形成了将观察婴儿作为前置临床培训的重要部分的想法，她鼓励学生寻找婴儿，那些学生同她一道，贡献了一系列的非凡发现。她那些热情洋溢的学生就包括玛莎·哈里斯、玛丽·波士顿（Mary Boston）、弗朗西斯·塔斯廷（Francis Tustin）和迪娜·罗森布拉姆（Dina Rosenblum）等人，他们后来成为儿童治疗领域的领袖。

美国华盛顿特区的婴儿观察始于1990年，它是华盛顿精神病学学院（Washington School of Psychiatry）培训项目的组成部分。从1995年到2012年，婴儿观察项目是华盛顿精神分析中心（Washington Center for Psychoanalysis）培训项目"现代视角下的心理治疗"的组成部分。自2004年起，华盛顿精神病学学院开始提供为期两年的精神分析观察性学习项目。

2009年，北京的几位专业人士组成了一个小组，开始接受婴儿观察培训，开启了他们成为婴儿观察老师的旅程。本书就是他们在中国推广婴儿观察这一培训方法开花结果的见证。完成麦德麦德教育咨询机构的观察性学习项目的毕业生，同时也会成为华盛顿精神病学学院的同一项目的毕业生[1]。

---

1 原注：华盛顿精神病学学院和北京麦德麦德教育咨询机构于2015年5月签署合作协议。

## 婴幼儿观察：如何进行？

### 婴儿观察设置

婴儿观察的地点设置在新生婴儿的家里。理想的情况下，观察者应当在婴儿出生前就和婴儿的父母取得联系，进行最初的探访，并向他们做一些介绍，说明婴儿观察是培训项目的一部分，无论谁照料婴儿，观察者主要关注的都是婴儿。同时，很重要的一点是，要澄清婴儿观察是非侵入性和非治疗性的，观察者希望家庭的生活习惯不会因此而发生任何改变。观察者在每次观察后做记录，参加每周的小组讨论。如果母亲恢复工作，婴儿由他人照料，观察者将照常继续观察。

### 幼儿观察设置[1]

在幼儿观察中，学员在一年内每周观察一个 3～4 岁的孩子，地点通常设在幼儿园，但也可以在家庭里进行。观察员的思维模式与做婴儿观察时类似——在非侵入性和非治疗性的观察里，观察员充满热诚，但又要守住在观察中的角色，对自己的情绪状态保持思考性的觉察——然而不同的设置和不同的年龄会产生不同的挑战。在教室里，3 岁的孩子会热切地注意到：有一个每周都会出现的神秘观察员，她既不是老师，也不是妈妈，那她是谁啊？

---

[1] 原注：幼儿观察设置部分由伊丽莎白·赫什（Elizabeth Hersh）和西尔瓦娜·考夫曼（Silvana Kaufman）共同写作。

他们直接挑战她，要求她参与角色扮演，或者在一个令人感到焦虑的早上，要求观察员贡献她的大腿，供他们安坐休息。老师也许会与观察员竞争，或者依赖于观察员的建议。因此，每个观察员确实身负为自己找到位置的任务，既不能太侵入，也不能太疏远，此外，还要试图理解自己的存在对被观察的孩子来说，在他们的潜意识层面有什么样的内在意义。

更复杂的是，观察员往往完全不了解孩子的家庭生活。有些观察员在家里面观察孩子，因而对家庭的动力有清晰的印象，但有些是在教室里观察的，老师因为要保护孩子的隐私，所以不会提供资料。如果幸运的话，观察员到达幼儿园时，也许刚好能够目睹孩子被母亲或老人送到幼儿园时在分离瞬间的挣扎，由此，观察员对孩子和其重要他人的关系就会多一些了解。但在其他情况下，观察员几乎没有任何头绪来了解被观察的孩子在游戏里呈现的潜意识层面的意义。

像婴儿观察那样，在小组讨论里，观察员与组员分享观察的文字记录是非常重要的。在这个安全的设置里，带组教师和小组成员鼓励她谈论自己的感受或在观察片刻里的那些"无关"的想法。一名学员回忆起一个她本以为是随意的念头："我高兴地发现我是这个世界里唯一见证他此刻的游戏的人。"在她和组员们一起思考时，她发现这个念头也许与她正在观察一个非常孤独的，但也可能在享受全能幻想的孩子有关。观察员可能会唤起自己在幼儿园的经验，而且需要整理这层面的记忆。当小组的运作良好时，小组讨论里的具有创意的嬉戏性质会重演幼儿园的嬉戏性质，挑战观察员预设的观念，并培养观察员正在发展的能力，即通过吸收潜意识或者反移情反应来了解儿童来访者或者成人来访者的内在世界。

### 婴幼儿观察——意义——临床实践

观察婴儿的经验使得观察者触及自己最原始的焦虑。

观察母亲带婴儿的过程能够发展观察者对母婴之间非言语交流模式的理解。而观察婴儿有助于理解个体、家庭、夫妻的心智发展，尤其是理解来访者那些未被言说的部分，也就是潜意识的语言的关键所在。

比克非常提倡对每次的观察都写详细的报告。她认为这是一种很好的思维方式，可以用以保护未来的分析师不在临床工作中做过度的和考虑欠妥的解释。唐纳德·梅尔策[1]提醒我们，注意观察中逐渐显现的模式，这些模式在单次观察之初并不可见。这和我们临床实践中遇到的情况类似，有些模式是在治疗的过程中发展并变得"可见"的。

婴儿观察的重要性并不局限于儿童治疗领域，它也为理解严重成年患者的主要交流系统方面提供了第一手经验。在观察中，学员可以了解到以心智（mind）为中心的发展和心理成长的进程。

玛戈·沃德尔（Margot Waddell, 1998）形容被她称为"心智状态"这个概念时提到，这是一个新的维度，有别于我们对长大的理解和我们窥探患者世界的方式。她说的是心智的发展和心理

---

[1] 原注：唐纳德·梅尔策（1922～2004），克莱茵学派精神分析师，其教学令他在世界各地具有影响力。

的成长。她采用了梅拉妮·克莱茵[1]关于早期客体关系的心位的理论观点。梅拉妮·克莱茵采用"心位"（position）而不是发展阶段的说法，她认为，在一生中，我们位于不同的角度来看客体，无论我们是否移向更高阶段，我们都在一个位置与另一个位置之间摇摆。在现实里，这些位置就是角度或观点，或者说是婴儿用来看客体（母亲）的不同透视镜。根据沃德尔的说法，这些心智状态与研究母婴外在社会关系发展的经典发展心理学有所不同。这个属于精神分析的方法所考虑的是包括新生儿的开端，以及让婴儿发展个人心智的过程，亦即对自己和他人的复杂心理／情绪状态的觉察。沃德尔提供了一些非常棒的例子，让我们理解到不同年龄的人是如何在某一个心智状态下、在世界里进行定位的，而不是按时间顺序的发展阶段而变化。其中一个例子是关于一位老妇人对和她结婚50年的丈夫产生嫉妒的片刻，表现得像一个青少年。沃德尔（2017, 1）于其书的第一章引用了托马斯·艾略特[2]的美丽诗篇来介绍她对发展的想法：

**此刻与过去**

---

1　原注：梅拉妮·克莱茵（Melanie Reizes Klein, 1882～1960），精神分析师，出生于奥地利，后加入英国国籍。她开创了新颖的儿童治疗技术，影响了儿童心理学和当代精神分析。她是客体关系理论的主要开创者，提出了关于从出生起的心智发展理论。

2　原注：托马斯·艾略特（Thomas Stearns Eliot, 1888～1965），英国作家、出版家、剧作家、文学和社会评论家，被誉为"20世纪最重要的诗人之一"。

也许都在未来之中
而过去也包含了未来

沃德尔以此诗解释了个体经验："他的现在被他的过去和他父母的过去的光与影所浸染。"她把现在与过去连接起来，而两者又是未来的一部分。

在观察中，我们学习如何忍受婴儿和母亲痛苦时的难过时刻，这是与患者工作的重要工具。在某些时候，当面对他们的心理痛苦时，我们感到有压力，想去帮助、转化和舒解。很多时候，这种压力引发治疗师在思考前就行动。

观察教会我们非常小心地跟随正在形成的模式的发展，这些并不能在一次或几次的观察里被看到。在每周的讨论中，成员和带领老师一起思考婴儿和观察对观察者的影响，每次的讨论成为帮助观察者了解观察材料的一种途径，尤其是当观察引起强烈的焦虑时，观察者需要警惕在压力下行动的倾向。这是我们的临床工作的重要部分，在面对患者的投射时，我们会感到被淹没、被轰炸。经常的自我反思和对观察的影响因素的理解，需要一颗充满好奇的心，对新的发现保持开放的态度，愿意把偏见和预设放在一边。这是临床实践中把自己准备好处在一种适当的心智模式的方法，婴儿观察也常常要求对设置和其改变的谨慎觉察。

为了让大家理解母婴的早期关系如何发生、观察的动力和每周讨论的工作方式，我将介绍威尔弗雷德·比昂[1]关于"容器－被

---

[1] 原注：威尔弗雷德·比昂（Wilfred Ruprecht Bion, 1897～1979），英国极具影响力的精神分析师，在1962年至1965年担任英国精神分析学会主席。其理论非常独特，堪称理论界的巨人。

容纳物"、凝想（reverie）和思维发展的理论。

## 比昂的早期客体关系模型简介

威尔弗雷德·比昂通过与精神病性和神经症性患者的临床工作，确认了梅拉妮·克莱茵的结论：投射机制构成了对灾难性焦虑的主要防御体系。这些焦虑是对感觉自我碎裂的反应，是对尚未发展象征功能的精神装置中存在迫害性客体的反应。比昂称这些被投射客体和自我碎片为 β 元素。比昂补充了克莱茵早期互动模型，他推测，特殊的母性功能和对早期投射的容纳[1]与修正 β 元素的功能有关，他称这种功能为凝想的能力。好的母性功能不仅在于接受婴儿的投射，还在于母亲摄入并容纳这种投射，调整它们，消化它们，只有这样才能成为母婴"对话"的一部分。通过比昂所说的 α 功能，那些可怕的无法命名的 β 元素成为母亲和孩子能够吸收的 α 元素，也就是投射得到修正。α 元素不同于 β 元素，它是经过母亲容纳，已经变成婴儿可以用来思考的材料（1963）。在此模型里，根据比昂的理论，治疗性互动可以被看作将 β 元素转化为 α 元素，并利用它们进行解释。如果由于这些原始的未被消化的投射影响了治疗师的反移情，限制了治疗师加工 β 元素的能力，治疗师就失去了理解和解释的能力。在这种情

---

[1] 编注：有些学者将 contain 译为"容纳"，有些则译为"涵容"，本书统一使用"容纳"的译法。

况下，我们可以观察到治疗师甚至开始怀疑自己是否还有作为一个治疗师的能力，或见诸行动，或试图改变设置，或求助于药物的"魔法"。

在婴儿的发展和母亲的发展中，从生命的最初，母婴之间就开始了不断的协商过程：母亲的容纳功能（即摄入婴儿投射的能力），以及婴儿的投射（即被母亲容纳的 β 元素），二者之间的协商。比昂描述到，如果婴儿被贪婪或强烈的羡嫉主宰，而且与母亲的凝想能力相比，需要被容纳的内容更多的话，那么就无法对婴儿所投射的内容进行"解毒"，产生正常"版本"，所以婴儿也没有获得正常的思维发展。这些在人格里被体验为精神病性的部分，它们也是我们治疗那些有巨大困难的患者时所需要应对的。

在治疗中，我认为这些过程发生在患者和治疗师相遇的常见而又模糊的区域，我称之为"移情-反移情现象"。这个过程在每一对患者和治疗师、每一对母婴那里都是独特的，母亲在她的每一个孩子那里经历完全不同的体验，就像我们在每一位患者那里都有独特的体验一样。跟有些患者在一起时，我们感到自身不足，而跟另外一些患者在一起时，我们感到自己是个好的治疗师。有些孩子觉得自己在母亲那里得到了最好的，而有些孩子则感觉自己得到了最差的。我想引用一些观察或临床的片段和一整篇婴儿观察记录来说明这些观点。

## 婴儿观察及临床案例

在第一年的观察里，一位观察员[1]发现，观察一个6个月大的漂亮婴儿进食时呈现出来的模式让她感觉很难忍受。这个女孩是由保姆照顾的，保姆（按照母亲的吩咐）先用奶瓶给婴儿喂奶。婴儿对接受半固体食物有些困难，当她开始愉快地张开嘴吸吮奶瓶时，保姆迅速地拿走了奶瓶，在毫无过渡的情况下，把盛有土豆泥的勺子塞到了婴儿嘴里。当孩子对此表现出痛苦时，观察员也很焦虑。婴儿哭泣，无法得到安慰，而保姆却把这样的事情称为"他们的游戏"。这个在每次观察中都出现的模式对观察员造成了影响，很多次，她感到绝望和愤怒，以至于很多次觉得自己"想赶紧离开房子，冲到大街上"，然而她克制了冲动，完成了整个观察。在每周一次的小组讨论中，针对她强烈认同了被虐待的孩子这一点，我们进行了讨论，这是小组成员必须经历的基本过程。每周一次的小组讨论也是任何一个治疗师的训练中的组成部分，它能够提供有效的工作模式，来消化强烈的、经常是淹没性的焦虑，这种焦虑在孤独的临床执业中常常出现。在这个例子里，像比昂所说的，小组"容纳"观察员，带领老师"容纳"整个讨论小组。

观察到早期互动的现实状况，能使我们更易于理解来自患者早年母婴互动的交流方式的那些部分。下面的例子呈现了观察与临床实践的平行过程。一位成年患者坚持认为治疗师应当在治疗

---

[1] 原注：感谢观察员朱迪·塞顿（Judy Setton，加拿大温哥华精神分析师）女士。

结束前五分钟的时候提醒她,这发展成了治疗中的模式。患者对这个要求的坚持,以及没有什么潜意识的材料来帮助理解患者这样要求的动机,让治疗师感到很不舒服。随着工作逐步推进,以及对患者—治疗师互动特点的探索,解释也就浮现出来:患者将治疗设置创伤性地体验为需要一个严格的时间表,而非"按需"进行的喂养过程。患者将治疗结束体验为喂养突然被打断,毫无征兆和过渡。这成了一个有趣的过程,根据"此时此地"重建了过去的体验。在治疗中理解这些活动的能力,可以透过在一个持续的观察中学习观察技术来获得,就像上面的例子,我们"看到"了某些模式是如何发展出来的。

由于认同该患者的内在无助的婴儿那部分,治疗师试图去成为他失去的那个好妈妈,或者表现得比现实中的妈妈更好,而不是帮助患者去理解自己内心世界的特点,帮助他们转向真实的客体,放弃那个他渴望的、追寻的、而永远不会拥有的母亲/父亲。这种认同在婴儿观察小组里也很常见。有一位观察员[1]观察汤姆——一个可爱的婴儿,他在进入这个世界时就有很多人渴望着迎接他。他的出现是被计划好的,他的家庭结构有些特殊:一对女同性恋人、他的亲生同性恋父亲及其伴侣,他们四人是非常好的朋友。结果,汤姆有四个父母、八个祖父母,还有很多亲戚,每个人都想成为他小生命中的一部分,而观察员桑德拉也从一开始就受到这个另类大家庭的欢迎。

很早,我们就注意到这个家庭的动力特色是"完全地被纳

---

[1] 原注:感谢观察员桑德拉·德尔加多(Sandra Delgado)女士的慷慨奉献。

## 第一章 观察性学习

入",每个人都需要成为婴儿成长过程的一部分,每个人都需要在家庭中承担一个角色,似乎没有人被排除在外。作为带领老师,我们对这个现象感到好奇,每个人的平易近人和欢迎态度非常具有诱惑性。由于这是一个另类家庭,面对这个非常新的现象,观察时,我们作为带领老师也不好草率地运用理论并快速地做出假设。这个观察让人感到愉快,婴儿被父母以温柔的、关怀的方式照顾,父母的兴趣总是以婴儿的需要为中心。14个月后,桑德拉突然被婴儿的母亲们告知她们要搬到夏威夷——美国境内最偏远的地方之一。原因是其中一位母亲获得了一个颇有趣的工作机会,母亲们就决定接受它,并且态度坚决。这个孩子特别依恋他的生父及其伴侣,从出生开始,他就每周在父亲家过一天一夜。所有的人好像都"拥有这个孩子的一部分"。这位观察员报告说:"当我到达汤姆家所在地,我可以看到邻居家的门廊灯亮着,还有圣诞节的装饰,但是到了汤姆家那里,入口处仅有地产中介的一块小牌子——'此屋已售'。"观察员感到非常惊讶。她感到震惊、愤怒和无助,就像孩子和他的父亲那样。她无法接受这个观察就这样被突然中断,我们都为孩子的困境感到难过,同时也很努力地帮助观察员"解毒"[1]。

另外一个例子是,观察员常常对无法应对孩子的需要而几近崩溃的母亲产生认同。母亲和观察员在面对婴儿这个"暴君"的

---

[1] 原注:当观察员报告观察时,讨论的带领者需要帮助小组修通观察所引起的众多投射。这样,小组就可以帮助观察员容纳通常是非常痛苦和原始的焦虑。

感觉中也常常"在一起"[1]。

在婴儿观察中，移情在一个稳定的设置中的发展和临床治疗过程是相似的。然而，因为我们并不做出解释，让父母明白正在发生什么，因此观察员和父母之间的关系可能就会破裂，而且大部分发生在观察中断之后，这也使观察员产生了潜意识或意识层面的内疚和愤怒。例如，一位观察员发现，当她取消一次观察后，下次再去时，门是"锁"着的，原来母亲"完全忘记"观察这件事了[2]。

## 观察报告

母亲们会变得非常依恋观察员，有时，面对与婴儿的分离很痛苦，面对与母亲或照料者的分离亦然。我会引用华盛顿精神分析中心为期一年的观察项目的学员凯瑟琳·艾森豪威尔[3]的一次报告。她在观察结束前的一个月即已经宣布她们还将有几次观察。

我引用整篇观察报告，希望能让大家对观察项目应该怎样进

---

[1] 原注：观察员在观察过程中保持对自己感受的反思能力，并在小组讨论中开放地探讨自己的焦虑，这一点非常重要。

[2] 原注：婴儿观察需要照顾设置，这与在临床工作中在心里维护设置同样重要。

[3] 原注：非常感谢凯瑟琳·艾森豪威尔（Catherine Eisenhower）女士允许我使用这段材料。

行和记录产生更真实的感觉。这篇观察报告不仅有详细的材料,而且呈现了观察员在观察中如何反思。她的反思以楷体字呈现。所有的内容都来自每周的小组讨论中的发言。

婴儿爱丽[1]11个月大,她有一个哥哥。"我期待这个探访,这已经成为我每周的一项令人愉快的活动。我感觉家庭希望我来,并享受我的存在。现在我是这个家庭里一个奇怪的部分。在去的途中,我在想象当我到达时,婴儿正在做什么,也在好奇妈妈会是多么疲惫,或者多有精神——这主要是取决于她儿子的睡眠状况。"当我来到公寓,我敲门,妈妈回应得很快,有些不寻常。她一定是在门附近或者正在等我。她抱着爱丽,手臂在爱丽的臀部下面,爱丽面向妈妈,两腿横跨在妈妈身上。这段时间,妈妈常常这样抱爱丽,我猜想是因为这样负重——用臀部来平衡——比其他姿势要容易一些。爱丽穿着一条彩色花裙子,戴着一顶紫色的帽子,穿着黑色的紧身裤,配上小白袜子。看上去像大学生的打扮。爱丽冲我微笑,我注意到她看起来比实际年龄大,但我不确定为什么。"通常她看来比实际的要大,她现在似乎已经不再是婴儿了。我好奇她妈妈是否会因此而感到一丝悲伤。我记得我母亲仍然在说她希望我还是小婴儿。这个愿望对我的成长来说不是很有帮助。"

她妈妈示意我跟随她们到客厅,朝向靠墙的双层婴儿车点头轻声道:"他在睡觉。"之前她带孩子到公园去,小男孩在婴儿车

---

1 编注:为保护观察对象及其家庭的隐私,文中出现的人名皆为化名。全书同。

里睡着了。他全身被衣服包裹着。婴儿车的顶棚被拉下来，我看到他平滑的、充满光泽的脸，以及眼睛下面的黑眼圈，看上去非常安定、宁静。"我好奇他能否睡上整整 1 个小时，还因此而感到些许兴奋——这样就可以避免他因我关注他妹妹而引起烦躁，而我对爱丽的观察也就没有平时所遇到的障碍了。"妈妈把手放在爱丽的腋下，举起她，然后把她放在地上，小心地让她用自己的小屁股坐着。爱丽充满期待地仰望着妈妈，妈妈似乎会意地坐在爱丽旁边。我坐在沙发上，有一个完美的视角看她们母女。爱丽看到我，但没有表现出她常常给我的带酒窝的笑容和欢喜，她似乎非常压抑。我注意到地毯上有几块麦片圈和盛麦片圈的、有手柄的容器。爱丽爬向妈妈，把手放在妈妈的大腿上——妈妈盘腿坐着——看上去爱丽打算攀到妈妈身上。她确实把妈妈当作一座小山——当我看到这种场景时，关于安全基地[1]的想法变成了发自躯体内部的身体体验。但爱丽并没有攀，她弯下腰，把满是红头发的头倾向妈妈的胃部。妈妈给了我一个惊讶的表情。爱丽把头转向我，保持着这个姿势，害羞、安静地微笑。妈妈表达出了对这个行为的好奇："她从来没有这样过。她那么害羞。我想知道这会不会跟她哥哥睡着了有关系。"明显地，妈妈能留意到爱丽的行为和环境的变化。"也许妈妈是对的，当爱丽不需要跟她所嫉妒的哥哥争夺关注的时候会更加克制，或者当所有的关注都完全集中在她身上时，反倒令她忸怩。她似乎享受着宁静，对我假装害羞，好像她在跟我和妈妈试验她的行为。"她继续保持这个姿势至少 10

---

1　原注：安全基地（secure base），鲍尔比的依恋理论中的重要概念。

|第一章 观察性学习|

分钟,这算是相当长的时间了。她稍微动了一下,我几乎以为她就这样睡着了。妈妈继续对她面前的这个全新的爱丽表示惊讶和好奇,并问她:"这是什么情况呀?你可从来没有这样过。哈!"她的语调里纯粹是好奇,并没有禁止的意思,这让爱丽得以继续,直到她失去兴趣为止。除了没有大哥哥之外,我好奇这是否和我与从前有些不同有关——我的衣服,或者其他——因此她对我的回应有所不同。

爱丽看到麦片圈容器,爬了过去。她仰视着我,冲我微笑,我看到了她的酒窝。她抓住容器的手柄,摇晃它。妈妈解释说她是在儿子还是婴儿的时候买的这个容器。这个容器有盖,可以让婴儿伸进手去抓食物,再把手抽出来,而且理论上食物又不会溢出。妈妈说儿子从来没有搞清楚怎么用它,但"我把它给爱丽时,她立即就知道怎么用。她多么聪明"。爱丽一边把小拳头伸进容器里,另一只手抓住手柄,把容器举在空中,一边专注地看着这个过程,以协助她控制动作。当她把麦片圈拉出来时,有些挣扎,扭动着小拳头,"我想起猴子陷阱的故事,食物被放在箱子里,有一个洞,洞的大小与猴子的手的大小相同,猴子能把手放进去抓食物,但当它抓住食物时,却不能把手拿出来,因为洞太小了。如果它放弃食物,就可以逃脱。但很明显地,猴子一般都不会放弃。这是一个在佛教里常常被提起的故事,它表明了我们的贪婪,以及无法舍弃的一些想法、人,等等,如何禁锢了我们。人类创造了一个容许我们贪婪的容器,而不是去拿地上的麦片圈"。结果地毯上撒满了麦片圈。妈妈满意地在一旁观看着。爱丽开始爬行着去捡麦片圈。真有趣,她把手掌放在麦片圈上面,合上手,这样一片麦片圈就在她的拳头里了。然后她把拳头挪到脸部,打开手,把麦片圈压进张开的嘴,舌头伸出来寻找零食。有时麦片圈会滑到嘴角,差点到脸颊了,她清楚地知道那不是她的嘴,所以她会用手掌在嘴巴附近扫,直到麦片圈碰到舌头,她尝尝味道,然后开始咀嚼。如果嘴唇和嘴角没有唾液的话,她失去的麦片圈会比吃下去的还要多,但如果有,它就会像糨糊那样把麦片圈粘在她的嘴巴周围,直到她成功地把麦片圈推进去。这个活动很明显能让她感到非常满足——她做了很长时间,从一个麦片圈爬到另一个麦片圈,重复着这个过程,通过享受甜甜的、糊糊的麦片圈来报偿她的烦恼。她反反复复地做着这个,拿着容器摇晃它,或者拿出更多的麦片圈。"我一直想着《糖果屋》(Hansel and Gretel)的故事,把面包屑撒在森林里,以找到回家的路。"爱丽把麦片圈撒得有些随意,但会引领她回到妈妈那里。我用一种新的方式看待这个童话。

爱丽也会停下来,然后攀上妈妈的身体,抓住她的衬衣,用手指尖抚摸妈妈衣领下的皮肤。这是同一件事——爱丽一定是在感受这种亲近所带来的生理上的温暖感觉和妈妈身体的稳定性,这些使得她可以在妈妈让她感到安全的时候休息和攀爬。在某一时刻,爱丽在攀爬时发出了些微尖叫声,妈妈从腋下将她托起,把她安坐在自己的大腿上。爱丽一只手拿着麦片圈容器,凝望着妈妈,妈妈微笑着回望她。爱丽把她胖胖的小拳头放进容器里,拿出两三块麦片圈,她把手指捏着的一块推进嘴里面,这次不是用手掌把麦片圈放进嘴里的方法了。她拿着另一块递给妈妈,妈妈说:"好吃!"然后爱丽把那一块放进自己嘴里。她做

| 第一章　观察性学习 |

了好几次,而且她还递给了我一块。我说:"谢谢。"她就放进了自己嘴里。在这模式之后,爱丽拿了另一块麦片圈,我想是她从自己的运动衣上摘下来的,她递给了妈妈。这次她用麦片圈碰了妈妈的嘴唇,把麦片圈推进妈妈的嘴里。妈妈张开嘴,接受了麦片圈,咀嚼它、吞掉它,把这个过程变成了一场表演,笑容满面,对爱丽的慷慨表示感激。爱丽迅速蹙眉,眼睛湿湿的,嘴角向下。她开始抽泣,看起来非常不快。妈妈立即意识到自己的错误了,"噢,不!"妈妈说,"我不应该吃掉的!对不起!"妈妈用柔和得像唱歌一样的声调尝试着安抚爱丽,她挑了一块麦片圈给爱丽,爱丽放进嘴里吃掉了。妈妈还挪动了爱丽,让她稍稍躺下,以便能仰视妈妈。爱丽举起了离妈妈较远的左手,抚摸着妈妈的嘴唇,尝试把小手塞进妈妈嘴里。妈妈张开了嘴,让爱丽用手指捅进去几秒钟。"没有了,我吞掉了。"妈妈说。爱丽抽回手去拿麦片圈容器,把手挤进去,拿出了一些麦片圈,撒在地上。她从妈妈那里稍微移开了一点,往自己的腿部滑去,把手放在腿上,然后爬到地上。妈妈说有一天爱丽攀爬到椅背上,趴在边缘玩,妈妈进房间看到时完全惊呆了。这次爱丽没有那么离谱,但当妈妈甜蜜地跟她说话时,她开始蹦蹦跳跳、屈膝,用手抓着椅背来支撑自己。

　　这时,爸爸进来了——这是他在办公室工作的时间,看起来妈妈对爸爸的加入感到很开心。听到他兴奋的声音,爱丽尖叫起来,当她坐在地上时,她弯曲着头往后仰。当他进来,我没有注意到爱丽时,她已经从椅子上爬下来了。爸爸走到沙发前坐下,爱丽已经爬到了妈妈身边,再次攀爬她的身体,还转过头来看我。"这时我注意到为什么她看起来比实际年龄大了。她突然有了脖子。婴儿的头和肩膀都只是软软地连接着，但爱丽有了真正的脖子——它看起来又细又长，周围的圈圈都被压扁那么长时间了。除身体更大了之外，这好像是她看起来更大的关键。她的身体似乎突然有了重大的改变。由于某些原因，我对这个小东西感到惊奇，然后不知怎的，我就说'我们只剩下3次观察了，我想提醒你，我们在4月就要结束了'。"妈妈看起来有些忧伤，冲我噘嘴。爸爸坐在沙发上，说："噢！"现在爱丽盯着我，也许感受到了房间里我们共同感受到的忧伤。

她爬到我那里，微笑着仰视我。我回以微笑，"并且好奇她打算做什么，她感受到了什么。我也对即将结束观察而感到难过，但在这个美好的家庭里我能感受到同样的感受"。是时候告别了，大哥哥仍然睡着，我离开了，他们在一起过周末。

## 总结

人们好奇：观察性学习包含什么？为什么我们需要它，进而使我们成为更好的临床工作者？我认为要回答这些问题并不容易，除非你经历了这些情感和智力的体验。在这篇文章里，我尝试着解释我们在婴儿观察的过程中和小组讨论的体验中所学习到的，与临床实践中遇到的平行过程，以及我们为什么相信这些体验有助于改善我们的临床技术。正如一些毕业生所说的："这些体验对我与患者工作的方式造成了转化性的影响。"如果我们能像你读到的这篇观察文章那样，通过在临床会谈里观察到的呈现出来的所有细节和模式，加上自我反思的能力，探讨我们在临床中所"看到"的带来的影响，那么我们与患者的情绪沟通将会大为改善。

在婴儿观察中，理想的心智模式是在没有偏见、没有任何想去验证某些理论模型的动机的基础上进行观察的。比昂认为我们应当这样面对这种相遇："没有记忆，没有欲望。"（Bion, 1967）

我们的态度应当尽可能地跟随常识，要记住，母亲在婴儿生命的最初几周里，是处于一种极端的社会隔离状态的，因为她丧失了以前的身份，同时重新开启了一个未知的身份。有一位母亲相当直接地表达了这一点："我曾经是一名爱干净的专业人士，现在我整天双手脏兮兮的，而且没有可以倾诉的人。"母亲们都倾向于依恋观察员，而后者在面对结束观察时会感到强烈的内疚。

我所建议的中立态度通常很难保持，尤其是在观察员目睹家庭里的强烈情绪，或者忽视或虐待的时候。

参与这本书的写作过程，让我回首过去，自己如何从婴儿观察这个体验性的过程中受益，并想象埃丝特·比克看到自己的想法被欣赏、被思考、被理解，她会作何感想。这篇文章也是我对比克的坚持不懈和在学问上的勇气的致敬。

## 参考文献

Bion, W.(1963). *Elements in Psychoanalysis*. London: William Heinemann.

Bion, W.(1967). *Notes on Memory and Desire*. In The Psychoanalytic Forum. 2: 3.

Waddell, M.(1998). *Inside Lives: Psychoanalysis and the Growth of the Personality*. London: Routledge.

# 工作讨论小组：从反思性实践中学习

## 上篇　扎根中国

莎伦·阿尔佩罗维茨[1]

(Sharon Alperovitz)

2011年，华盛顿精神病学学院的婴幼儿观察项目主席尼迪娅·利斯曼-皮桑斯基邀请我带领一个由北京的四位中国学员组成的工作讨论小组（Work Discussion Seminar）。尼迪娅已经带领他们完成了为期两年、每周一次的塔维斯托克模式的婴儿观察。我知道她跟这些中国学员的联结和感情日渐深厚，而这些中国学员对她亦是如此。

虽然我在华盛顿精神病学学院从事这项工作已经多年，具有丰富的带领工作讨论小组的经验，但对这个富有挑战性的邀请，我在感到喜悦的同时，仍然不免有些担心。我从未尝试过跟讲另一种语言的学生一起工作，但我决定迎接这个挑战。我们开始了通过网络视频会议进行的工作讨论小组，为期一年、两周一次。小组的学员包括施以德、李斌彬、杨希洁和巴彤。对我而言，他们并不是陌生人，此前，他们受训于中美精神分析联盟（China American Psychoanalytic Alliance, CAPA）时，我就曾是他们的带领

---

[1] 译注：本文原文为英文，由李斌彬、巴彤翻译。

老师。

　　塔维斯托克模式的工作讨论的焦点在于观察，这一点跟婴儿观察的小组讨论是一样的——观察是我们工作的基石。简而言之，工作讨论小组提供了一个独特的机会，即对1个小时的专业工作的细节进行深入的、近距离的关注。学员从中学习以发展和优化技能，他们不仅会对言语的沟通进行反思，更为重要的是，会对非言语的行为及其微妙的意义进行反思。它提升了我们使潜意识意识化的技能，拓展了我们对之前未能思考的想法进行思考和言语表达的可能性。在这个过程中，潜意识的内在世界变得更加可知，我们领悟的能力得到深化，我们与他人和与自己建立的关系得到提升。

　　在我进一步讲述我和学生们一起工作的更多的个人体验之前，我想先对工作讨论小组的常规信息多做一些阐述。

　　小组讨论聚焦于观察者在工作任务、工作情景、工作环境限制以及日常关系中被引发的内心感受。一边保持工作状态，一边还要注意到自己的行为，并记在心里，这对大部分人来说都是很具挑战性的。而在报告中将言语互动和行为表现结合起来，并细致入微地描述个人内心的想法、与气氛相关的停顿、面部表情、身体姿态，都需要经过大量的练习。观察者必须找到一部分的自我，能够让自己从即刻的反应中后退一步，关注内在以及外在的事件。在这种方式中，我们扩展学员全面反思的能力，深化并扩展他们的直觉和好奇心。

　　工作讨论小组的方法从表面上看很简单：我们要求每位学员书面报告自己在专业设置中1个小时的工作过程。小组成员对讨

## 第一章 观察性学习

论过程的体验，其质量取决于当日报告者是否做了精心的准备。我们不仅要求报告者按照时间顺序记录常规的日常工作中和他人的言语交流，同时也要记录非言语交流的细节，并尽量贴近自己的记忆，而且，我们要求他们把关注点调整到自己对常规事务的个人行为和心理反应上，并在书面报告中详细记录，带到小组中汇报。小组成员不超过六人，由对这种方式富有经验的人带领（或两个人共同带领）。在依照固定顺序安排的讨论会中，每一位小组成员都有机会在小组其他成员的支持下，分享并探讨自己的报告/观察。每个观察都是保密的，以创造一个安全的空间，让成员自由地思考，在这个空间中，成员的自我发现也在茁壮成长。

把我们眼见的说出来，这并不容易：每一位临床工作者/观察者几乎马上会体会到这是一个多么困难的任务，而我们对每位观察者随着时间的推移发展出来的观察能力感到惊奇。在讨论小组创造出来的思考空间里，成员常常回忆起在之前的观察中所忽略的事件或细节，这往往很有意思，又富于意义。在小组探讨的过程中，我们会发现在每个连续变化的时刻里有多少未被言说的想法和未被表达的感受，我们常常会归因于他人。在小组讨论中，我们鼓励全方位的探讨，并且教给大家，每一个互动都有表达意义的可能性——我们寻求意义并探讨它们。以我们的经验来看，每个成员都会开始意识到，在一种支持性和共享的体验中，在我们所经历的事件上，我们是如何将个人偏见和文化信念带入各个层面的。

小组讨论的目标是帮助成员学习将个人的偏好与观察的客观迹象和推论区分开来。观察的客观迹象是一种未知状态，能够抱持住未知的状态是了解事物的基本能力要求。我们强调,这里并没有唯一**正确**的方法——我们的任务是促进思考。小组讨论中常常发生的过程是,对所发生的事件,小组通过对自身的发问进行拆解,放慢速度,一步一步,逐步深入。这样做的目的是,对待涉及的每一个人,包括自己在内,都努力形成一种相对不被理论束缚和不带评判的态度。在与他人分享观察体验的过程中,我们学到了,对相同的体验,可以用那么多有趣而又不同的方式去思考,而我们对他人的观点的容忍度也得以扩展,而且在难得但令人激动的时刻里,我们发现真正新的想法出现了。通过这种方式,观点上的一个小小的改变都会给我们带来了不起的转变——从对那些无法思考的反应性进行防御,变为敞开心扉,产生更多建设性的想法。

小组带领者的任务是创造并保持小组内探询的氛围,这种氛围的特征包括好奇、怀疑、争论和差异,以便让未知变得没有那么不受欢迎,而新的想法、问题和感知能够被善待。

在每一次的小组讨论中,复杂的精神分析的概念,如潜意识、移情、反移情、投射性认同以及内摄性认同等,栩栩如生地呈现出来,这给每一位参与者都带来了第一手的经验,帮助他们体验到这些潜在而恒定的机制所具有的力量。

总而言之,与施以德、李斌彬、杨希洁和巴彤一起工作的体验,对我而言是奇妙的,我惊讶于他们的技能和天赋。但我也曾偶尔感到不安,他们**接受训练**的准备**太**到位了——就像对什么都**已经有**答案了一样。而且,我习惯了美国学生不那么情愿写出细致入微的书面材料,而对这些中国学员来说,这根本不成问题。我感到很幸运,在参加工作讨论之前,他们已经具备了两年婴儿观察讨论小组的经验,所以他们对写出详细的报告已经习惯了,报告不仅涵盖言语部分的内容,还包括设置、情绪和非言语行为。此外,我们也很幸运地阅读了《工作讨论:从与儿童和家庭一起工作的反思性实践中学习》(*Work Discussion, Learning from Reflective Practice in Work with Children and Families*)一书,这本书是由玛格丽特·拉斯廷和乔纳森·布拉德利(Jonathan Bradley)编著的,2008年由卡纳克出版社(Karnac Books)出版。简而言之,我们都知道我们开始了这个探险的历程,而且我们做到了。

我们所面对的困难中,有些是进行远程教学之初即已被预料到的:网络视频和麦克风有时会出问题。我发觉无法足够近距离地看到他们,无法清晰地看到他们的面部表情,这让我感到很困难。它提醒我,他们跟我在物理空间上的距离是非常遥远的,而且我们处在同一天但昼夜完全相反的时间里。我渴望能够更好地了解他们,能够触碰到、感受到他们,变得更加亲密。而且还有一直存在的语言上的差异,尽管他们的英语讲得都很流畅,他们仍然需要把自己的体验翻译成外语,还要把我的语言翻译成汉语,这实非易事。幸运的是,我们有许多来自不同视角的讨论——临床的、专业关系的,有时还涉及如何处理各种复杂情境中需要帮助的请求,以及给他们施加的"要解决"错综复杂情境的压力——需要处理的最复杂和最令人挫败的互动。我可以看到,向身边那些请求干预的人说"不"对他们来说有多么困难,因为取悦权威形象的愿望如此强烈。

通过神奇的互联网,施以德、李斌彬、杨希洁和巴彤从我们华盛顿精神病学学院两年的婴儿观察项目和幼儿观察项目学成毕业了，并通过网络跟我们一起参加后续在华盛顿举办的会议，这些都让我对他们敬重有加，并深感自豪。最后，也是最重要的是，他们在自己的培训机构——"麦德麦德"（Mind in Mind）——带领他们的学生，继续传承这种令人敬重的学习传统。

这些年来，我们之间的空间距离越来越近了。工作讨论小组所能教授的东西如此丰富，我很高兴在他们成为工作讨论带领者的过程中，在成长为这个国际大家庭中一部分的道路上，我也助了一臂之力。现在轮到他们来写就自己的文章——以他们自己的语言——写一写他们自己带领的工作讨论小组。

# 下篇　自由生长

巴　彤

正如莎伦·阿尔佩罗维茨老师前面所写，2011 年，工作讨论这种独特的体验性学习方式在中国扎下了根，积蓄着生长的力量。2014 年，接受了工作讨论训练的麦德教师开始用中文带领本土的工作讨论小组。每一年，麦德都有一到两个工作小组在进行，参加的成员是至少已经学习了一年婴儿观察的学员。目前已经有 20 名左右的中国学员在麦德完成了工作讨论的训练。作为一位迄今为止每年都参与带领工作讨论的老师，我既亲眼看到学员们在这

| 第一章 观察性学习 |

种体验性学习方式中所获得的转化，又一遍遍地亲身体验反思性实践所生发出来的力量和自由感。

每一年，当新的工作讨论小组开始时，中国学员也会很困惑地问：工作讨论到底是什么？与华盛顿精神病学学院的教学设置一样，我们在新小组的第一次讨论中都会阅读相关文献，就工作讨论的设置以及学生的困惑加以澄清，并展开讨论。我们常常用类比的方式告诉学员，工作讨论是把婴儿观察的学习方法用在其他的工作情境中，包括临床的工作情境——从观察并写出1小时婴儿观察报告，切换到回想1个小时的工作情境，写出报告再现当时的情境，并带到小组中讨论。毕竟是接受了一年婴儿观察学习的学员，他们能够很快地指出其中的不同之处，这也正是工作讨论更具挑战性的一个方面：在婴儿观察的设置中，我们要保持中立、不干预，而在工作情境中，我们身处其中，做的可能就是干预的工作！

学员们会在相当程度上带着这种不确定和困惑进入工作讨论中学习。学员带到工作讨论中的材料大多是临床工作的材料，包括与成人、儿童或家庭的咨询工作，也有其他工作情境的材料，比如，所在单位或机构里的工作项目、会议、日常工作等。

工作讨论中，学员们带来的报告中最常见的是临床材料，最开始的时候，学员往往会问：这和督导有什么不同？虽然在讨论设置时，我们会一再澄清，工作讨论不是督导，不会就临床技能、案例建构给予指导，而是由观察者的视角，帮助报告者看到之前被其忽视的地方。但听来的和**体验到**的，二者毕竟不同。当讨论的过程中，学员们感慨"哦，我没注意到原来我有这么多焦虑……"时，他们就已经开始一点一点地体验到这个过程。我们的每一位小组成员，工作情境中的每一个人，以及报告中的来访者，为了避免体验精神上的痛苦，都有自己常年运作的应对焦虑的防御方式。在小组较为安全的氛围中，工作情境中被分裂而投射出去的焦虑可以被重新体验，在小组中获得思考。这让学员们又一次体会到，虽然工作讨论与婴儿观察有所不同，但中立和不评判的态度再次成为大家共同工作的基石。很快地，学员们觉得工作讨论小组好像挺好用，体会到它的容器功能，会把临床工作中让自己最困惑、最"头疼"的案例写成报告，帮助自己拓展理解和思考。虽然这不是督导，但在这个过程中拓展出来的新的理解往往会让他们产生新的想法或选择，有学员很直观地描述这个过程"很好玩儿"。

而工作讨论中，学员带来的另一类材料是各种困难的非临床的工作情境。工作环境包括体制内的单位或体制外的机构，甚或是短暂的工作群体，如某次培训、某个活动。对于这样的过程，从报告写作到讨论都会更具挑战，也常常更能带来意想不到的发现。这个过程仍然是对情绪过程赋予重要的意义，有时与工作环境的结构和社会变迁相关的背景材料走上前台，学员有机会重新理解自己和单位、机构的潜意识层面的意义，自己所在工作环境中的结构和边界，工作的任务和角色，以及结构不稳、边界不清时激发的更为原始的情绪过程。由于多数学员是临床工作者，这样的报告往往也能够帮助他们反观和反思自己处在一个什么样的环境中执业，了解同行又是处在什么样的环境中执业，以及从潜意识层面，这些不同的环境怎样影响临床的工作，这常常推动他

|第一章 观察性学习|

们从更深的层面理解临床的设置。

在我们的工作讨论中,无论是哪一类讨论材料,我们常常问报告者的一个问题是:"是什么让你想到要带这个材料来讨论的?"最常见的回答是:"我卡在这儿了。"而工作讨论让报告者有机会从"卡住"的地方挪动出来,尽管在这里,没有谁可以担当专家,马上给出一个解决方案,但工作讨论可以让人从"卡住"的地方挪出来,在潜意识层面四处走一走,活动一下头脑,报告者本人往往会获得一种自由感,产生很多新的想法、新的选择。

我们带领了四年中国本土的工作讨论,作为带领者,对工作讨论的方式,我个人由衷地喜欢。我们的学员也和我们当初一样,很快习惯提前交来详细的书面报告。经历了最初带领工作讨论的焦虑和适应,现在,在讨论前提前收到并阅读一份新的工作讨论材料时,我会想:嗯,等小组讨论时看看吧,看看到时候会浮现出什么。因为我也无法预知会讨论出什么,但我更加相信这样一个历程有其自身的创造性。作为一个促进者,我能做的,只是尽力以理论自由和不评判的态度,在不同学员的想法和感受之间穿针引线、穿线搭桥,浮现出来的不同层面的潜意识意义自然会构成一个之前我们谁都想不到、想不全的画面,而且在不同学员的心智世界中得以继续延展。这样的体验性的学习范式与中国当前普遍的教育范式是如此的不同。也许正是因为这个不同,当它在中国扎下根来,学员会经历最初的不适应,但很快,学员内在的自发性又会给予它足够的养分去汲取。每一届学员毕业时,他们会说,工作讨论带来的独特体验在很多方面转化了他们的思考。

如果可以回应莎伦老师在上篇里的期待,我愿意说,在工作

33

讨论这个特定的精神分析的工作框架中，中国的学员们逐渐也可以抱持住未知带来的焦虑，从这里出发，探寻潜意识层面纷繁复杂的意义，从而更加自由地感受和思考，并体会着由个人的心灵自由而生长出来的喜悦和力量。

## 参考文献

Miller, L, Rustin, M, Rustin, M & Shuttleworth, J.(1989). *Closely Observed Infants.* London: Duckworth.

Reid, S.(1997). *Developments in Infant Observations, The Tavistock Method.* London: Rutledge.

Rustin, M & Bradley, J.(2008). *Work Discussion, Learning from Reflective Practice in Work with Children and Families.* London: Karnac.

# 理论讨论

*施以德*

## 设置

"理论讨论"是观察性学习中的一个板块，参加者需要预先阅读理论材料，然后在每次的"理论讨论"中参与讨论。

观察性学习中的婴儿观察、幼儿观察与工作讨论的学习范式都是从体验中学习，而理论部分却有所不同，学员需要掌握前辈们传承下来的知识，它是一个关于理论的学习，因此，理论部分容易被预期为以老师讲课的方式进行。其实，这部分被称为"理论讨论"，是以大家一起讨论的方式进行，学员的任务是预先阅读与思考有关材料，老师的任务则是促进思考和答疑，希望参与者经过阅读和思考，自己讲述出来，从而更好地掌握知识，避免鹦鹉学舌般的黏着式认同（adhesive identification）（Waddell, 2005）。诚然，这种在英美等国所采用的培训范式，可能会使比较熟悉"老师讲、学员听"的学习范式的中国学员产生不少焦虑。另一个产生焦虑的原因是它所涉及的各种相关理论很复杂，有些概念甚至到目前为止仍然有争议性，而理论家们的意见也有不一致的地方。面对错综复杂的理论体系，理论讨论只能说是学习理论的开始，而即便是以讨论的方式学习理论，这些知识仍然是在认知层面的，并没有深入学习者的骨髓，需要学员，甚至也包括老师，在观察性学习项目中以及以后的日子里反复地阅读、思考，并在经验中体会。

婴幼儿观察培训的目的不是验证理论，学习理论是为了了解前人在一些问题上的思考，多掌握一些工具来理解现象。但理论不是真理，不能替代学习者通过细心的观察和真诚的体验、觉察与反思而获得的知识，正如在临床工作中，咨询师不能用理论替代观察、倾听、体验与思考来了解当前的来访者，也不能用术语与来访者沟通一样。假如观察员／咨询师为了缓解由未知与不确定引起的焦虑，希望从理论的已知来获得确定感，可能会牺牲掉从未知中发现新知识的机会，当然，这个过程是充满焦虑的。

## 理论框架

婴幼儿观察的理论框架以精神分析中的客体关系理论为主，所学习的理论来自婴儿观察的创始人埃丝特·比克、她的第二位分析师克莱茵和比昂，还有与克莱茵关系紧密的独立派代表人物唐纳德·W. 温尼科特（Donald. W. Winnicott）（Shuttleworth，2009）。后来，鲍尔比的依恋理论研究和斯特恩（Stern）、毕比、托尼克（Tronick）等人在婴儿研究领域的发现大大丰富了有关母婴的理论，因此，理论讨论也纳入了这些元素。

我们借鉴前人的理论，尝试思考一些有关婴儿心理和情绪发展的主题，包括：

| 第一章　观察性学习 |

1. 婴儿从子宫出来后是如何感知世界的？
2. 从出生起，婴儿到底会面对什么？婴儿又是如何应对的？
3. 照料者和养育环境是如何影响婴儿的心理和情绪发展的？
4. 婴儿是如何分辨内在世界和外在世界的？
5. 婴儿是如何认识自己、他人，以及应对于我、你、她／他之间的关系？
6. 婴儿是如何从完全依赖慢慢走向独立自主，最终可以离开家上学的？

这些问题不仅在每个人的婴幼儿期具有重要地位，同时也是贯穿人一生的主题。

观察性学习的目的不仅限于以婴幼儿作为客体来观察其发展与变化，其目的也在于帮助观察员观察和思考自己的主体体验，通过这个途径来理解所观察的人物和现象，包括观察员与他们的关系、观察员自己，以及观察员与学习小组的关系，甚至还包括观察员在自己的工作情境中，与环境和人物的关系，等等。在这些方面，有关理论同样可以作为参考框架。

## 观察与理论的结合

下面我尝试以相关理论来理解部分婴儿观察的材料[1]。观察性学

---

1　原注：此处有部分原文是英文，感谢李斌彬对这一部分做出翻译。

习所包含的理论可以独自构成一本甚至多本书籍，这里所阐述的只能作为一个简介，有兴趣的读者可以参考有关的理论书籍。两年婴儿观察的材料所涉及的主题十分丰富，这里选用的只是很有限的部分，着眼点在于婴儿自我执行力（self-agency）的发展。

在生命的最初期，脆弱的婴儿要存活下来需要完全依赖照料者。但是，他并不是完全被动的。克莱茵认为，婴儿在出生时便有足够的自我来体验焦虑，运用防御机制，并在幻想和现实中形成原初的客体关系（Segal, 1964）。克莱茵关于生命之初的婴儿自我执行力的观点得到了婴儿相关研究结果的支持[1]。然而婴儿与生俱

---

[1] 原注：盖尔盖伊（Gergely, 1992）指出，新生儿并非对外部世界纷纷扰扰的刺激都没有回应，处于一种原始的自恋状态，而是从最开始就主动地感知和学习，对自己周围的外部物理和社交世界的结构有着特定的期待，能够进行相对复杂的信息加工、组织和保存，甚至他在出生之前就能够通过听觉学习，呈现出对特定类型的外部刺激的偏好，如人脸和声音。他天生就能统合知觉和行动，出生后便能模仿成人的基本面部表情。再到后来，他能够表现出"社交性微笑"，天生便有动机去寻找出环境中反应—事件之间的联系，能够区别行为—事件中的不同程度的关联，能够通过跨感觉通道的途径，有效地分辨自我—他人。新生儿延迟的表情模仿，意味着他依赖非常早期的短期记忆系统，而在3～5个月大时，他便有了运动识别和视觉识别的长程记忆能力。在6个月大或更早时，婴儿已经能够在复杂的视觉事件中，对互动中的客体赋予因果意义。婴儿似乎从出生起就积极而适应性地定向于外部现实，具有相当复杂的认知性和知觉性自我机制，从最开始就发挥作用去建立客体世界的内部表征模型。[Gergely, G (1992), *Developmental Reconstructions : Infancy from the point of view of psychoanalysis and developmental psychology.* Psychoanalysis and Contemporary Thought, 15: 3–55.]

# 第一章 观察性学习

来的能力需要照料环境的促进，正如温尼科特认为把个体的天生潜力作为一个独立议题进行研究是合理的，"前提是大家都接受这一点：如果不和母性照料连接起来，仅靠天生的潜力，婴儿无法成长为婴儿"（Winnicott, 1960, 589）。

豆豆是一对年轻父母的独子，母亲是唯一的全职照料者。观察员在豆豆40天大时开始每周一次的观察。在第一次观察中，豆豆似乎就表现出跟观察员建立联系的愿望，当他被单独留在床上时，他会向观察员方向挪动。在他53天大时，可以观察到他在安静环境中会主动地寻找客体去"看"，主要是"看"他的照料者，当照料者不在时，他会"看"观察员。在他3个月大时，有一次，用奶瓶喂养时，妈妈的眼睛一直没有离开豆豆，豆豆有时选择看妈妈，有时则凝视别处来断开联系。在另一次观察中，豆豆表现出了对与谁互动的选择，他更喜欢专注地看着跟他互动的奶奶，即使奶奶只是在他家里小住而已。

在3个月大时，豆豆表现出了在怡然自处和社交两种状态之间转换的能力。

当我到达豆豆家，他躺在沙发上，正咿咿呀呀，小手挥舞，双腿蹬动……（后来）当我来到他身边看着他时，他看向我，似乎是通过眼神和微笑来跟我建立联系。妈妈过来了，说："你知道阿姨来了。"她换了一盆水，用薄被盖着豆豆的肚子，然后检查尿布。豆豆用两只手抓着被子盖住脸，似乎在和被子玩。

……

我站在豆豆床边看着他，他也看着我，而不看吊着的玩具。

我挥动两根手指,他给了我一个微笑,持续挥动着胳膊和腿。他发出声音,来回打喷嚏打哈欠打了好几次。随后打了个嗝儿。妈妈在厨房开间里忙着,有时应和着豆豆的声音。在某一刻,豆豆举起他的右手,攥拳,然后专注地反复看着它,好像在研究自己的手。

对观察员来说,相比于即兴地挥舞胳膊,豆豆对手的研究是有意识的努力。如果他已经有了某种目的性,并有意识地指挥自己的身体,那么在这个3个月大的婴儿体内就有一个崭露头角的自我。他试图用每一份感觉—运动能力去理解和联系这个世界:目光接触、声音、肢体、微笑和哭泣。

在下面对婴儿每日常规的观察中,可以看到豆豆主动地适应二人的互动。

(将近4个月大时)豆豆刚醒来。他躺在婴儿床里。他现在可以把腿高高地抬起来了。妈妈端了一盆水,想给他洗洗……妈妈擦着豆豆的脖子,同时移向豆豆的头那一侧,这样能使他的头斜靠起来。我跟随着妈妈,豆豆把目光从右边转向正前方,他没有发出任何声音,顺应着妈妈的动作。

清洗完毕后,豆豆被留在婴儿床里,享受着伸展运动。有一小段时间,他挺直大部分身体并斜靠起来一点儿。他左手握拳拍着自己的身体,同时看着正在举起来的右拳,口中发出声音。有时,他看着我,嘴里发出声响。在我看来,他似乎在感觉着自己的身体,试图用它来做些什么。他吞吐着舌头。当他持续地发出较大的声音时，妈妈突然说："怎么了？好像哪里不对。"似乎她能够从豆豆的咿咿呀呀中解读出什么。妈妈上前检查他的尿布，原来是尿布湿了。

在这里，母亲能够解读婴儿，表现出了温尼科特（1956）所说的"原初母性贯注"[1]的状态和比昂的容纳与凝想（Sorensen, 1997）的能力。在这个家庭中，妈妈一直都在。由于有时忙于家务，她不是随时都在婴儿身旁，但她总能保持对婴儿状态的警觉，婴儿无论何时发出需要她的信号，她都能够及时出现。我们可以推测，豆豆独处的能力（Winnicott, 1958）和妈妈能够在脑海中想着他的能力高度相关。她暂时不在婴儿身边的事实，让婴儿有机会利用脑海里妈妈的形象，以及与妈妈相关的积极感受，作为陪伴和安慰自己的来源。

另一个促进婴儿在脑海中保持母亲的形象，以及母亲在照料中的能力的因素，是照料过程中那些常规之举给婴儿带来的重复性经验。温尼科特（1960）强调，在一切看上去都挺好的时候，照料婴儿时的应对和一般的管理与照料的重要性作为本能满足和客体关系的基础很容易被认为是理所当然的。

（4个月大时）妈妈把豆豆放在婴儿床上，宣布要开始洗脸了……豆豆躺在床上，胳膊高高低低地动着。妈妈端了一盆水，

---

[1] 原注：原初母性贯注（primary maternal preoccupation），简单来说，就是在婴儿出生后的数周里，婴儿母亲的全部心思都在婴儿身上，母亲的这种状态对完全依赖照料者的婴儿来说尤为重要。

开始给豆豆擦脸，并命名每一个部位，"擦眼……嘴唇……鼻子。右，不，左脸颊……右脸颊……下巴……额头"。她重复着以上的次序，然后擦左右手。她抱起豆豆擦脖子。豆豆似乎知道妈妈要什么：他扬起下巴露出颈部，没有发出什么声音。这一对母婴搭档在互相配合着行动。妈妈表扬道："真是个好孩子。"她把豆豆放回婴儿床，给他脸上各部分擦婴儿霜，同时大声地命名它们：左脸颊、右脸颊、鼻子、前额。最后，她把脸贴向孩子，说道："真香，是不是？"

在日常生活的基础上，豆豆获得了丰富的体验，这些体验合并了视觉、听觉、触觉、温度觉和嗅觉，组成了他内在世界的一部分，在那里，他人是可靠的。他能够预测发生什么，能够根据母亲的动作来设计自己的动作。这样，豆豆逐渐能够在混乱中组织自己的内在世界。

另外，无可避免地，生活中总有挫败，例如，在上面所说的常规清洗后一度发生下面的事情。

妈妈开门时，她正抱着豆豆。豆豆看起来长大了些，他的上唇有一块干皮。妈妈正在给豆豆喂水。然而豆豆拒绝再喝了，他哭着扭动身体抗议着。妈妈坚持着，说"你缺水了怎么拉便便啊""坏孩子""我们要比牛牛乖""牛牛妈妈打他的屁股""我也要打你屁股"。豆豆笑了，但是妈妈说"你讨好我没有用的""我不会把瓶子放下""我们再喝10毫升吧"。妈妈发出"叭叭叭"的声音模仿吮吸。很快地，她放下瓶子查看豆豆喝了多少，同时拍着他的后背。"你喝得那么急，怎么还没喝完10毫升啊？"随后她坚持让豆豆再喝一点。"每天早上喝水跟打仗似的。"妈妈对我说。当战斗结束时，豆豆的嘴唇有些干裂。

在读了上面两个日常互动中的例子之后，你可能会更加欣赏克莱茵（Segal, 1964）的这个推论：好的体验和坏的体验对婴儿来说都很强烈，婴儿将客体感知为理想的（全好）或迫害的（全坏），因而需要将它们分开（分裂），为的是把具迫害性的坏客体驱逐出去，将之当作外来的攻击来回击（偏执），而把好的那个客体留在内在世界。克莱茵称这种状态为"偏执—分裂心位"，并认为婴儿在生命最初的6个月主要处于这个心位。在良好的发展环境中，婴儿能够更加稳定地保持理想客体和自我，这将缓解他的焦虑，较不容易被危险的冲动和坏客体占据。结果是，在幻想中归因于坏客体的力量减弱，自我因为拥有理想客体而变得更加强大。慢慢地，婴儿认识到母亲是独立于他的个体，而且他开始意识到好客体和坏客体原来是同一个客体，在他攻击坏客体的时候，同时也在攻击好客体，并因此而感到内疚，开始主动修复他认为被他破坏了的客体。克莱茵称这种状态为"抑郁心位"，温尼科特（1963）则把这种修复的能力称为"关切的能力"（capacity for concern）。从婴儿半岁开始，由于其自我日益强大，加上父母的帮助，婴儿逐渐能够整合好客体和坏客体两方面。同时，婴儿也开始认识到，除自己之外，独立的母亲拥有自己的生活，而她的生活里还有其他人，包括父亲。婴儿的人际世界里除二元关系之外，又加上了三元关系，正式开始了社会关系。

虽然生活中有不如意的地方，但豆豆似乎能够保留更多正性的体验，以至于他能够发展出独处的能力，也能够利用照料者来调节自己。豆豆越来越多地表现出吮吸手指、玩手、探索身体运动、玩被子和玩具等现象，这些现象展现出他在利用过渡性客体（Winnicott, 1953）发展独处的能力。在某一次观察中（5个月大），可以看到他"抓着被子盖住头，好像在玩躲猫猫的游戏，他开始发出越来越大的声音，似乎看到了怪物。突然，他咯咯地笑起来，好像上演着自己的剧目"。最后，他右手抓着玩具睡着了。他也发展出了容纳挫败的能力，妈妈提供时间和空间让他试验，并尊重他安抚自己的不同方法，包括主动挽起他的袖口来帮助他吮吸手指。在约7个月大时，发生了下面的事情。

妈妈把豆豆放在沙发上，给了他一个新玩具，然后离开去做家务。玩具掉到了豆豆的脸上，他哭了几声。豆豆上下挥动着胳膊，最后觉察到玩具在哪里并握住它。豆豆从挫败中恢复过来并继续探索。他翻向左侧，通过踢腿形成直角来帮助自己翻身，显然，他向左边翻身并不像翻向右边那样成功。他翻向右侧并趴在那里。他动着双腿想往前挪动，但失败了。豆豆有些沮丧，把头埋进沙发。他扭着腰，像扭干毛巾那样。他从上面看着我，吸着手指。然后他转过去。脚已经伸出了沙发边缘，我把他放回沙发中央。他抓住一个蓝色的积木，并将它移向沙发背后的缝隙。他也移动着第一个玩具，最终玩具掉到了沙发下面。妈妈听到了声音，说道："你又掉东西了！"豆豆继续探索着一个玩具猪，里面有其他颜色的积木。他将猪头朝下，让里面的积木掉出来。他的

| 第一章　观察性学习 |

脸被玩具猪碰到并哭了几声，但很快停止了哭泣，并继续执行他的"任务"。在某一刻，他停了下来，什么都没做，只是嘴里发出声音。我想象在他的脑海里有个游戏过程……从这个游戏中出来，他重新开始抓握积木。然而最后他大声哭了起来。注意到这些哭声的不同特点，妈妈过来抱起他，让他坐在自己腿上。妈妈给豆豆一个黄色的星状积木，说这是朵花。豆豆抓住积木。妈妈张开手，这样豆豆可以用积木重复地敲打妈妈的手心，同时妈妈上下摇动豆豆。豆豆把玩具扔了。妈妈在找另一块积木，怀疑豆豆把它扔到沙发下面了。我指给她积木的位置，妈妈把积木拾起来，递给了豆豆，豆豆用积木敲打妈妈的手掌，然后把积木扔到地上，刚好在我脚边。我等着，妈妈捡起了积木放在一边。妈妈撑着豆豆以便让他坐在自己腿上。豆豆抓握着妈妈的下巴，看着妈妈的下巴或脸，笑着。他伸手去拿手机座。妈妈说："谁在打电话？爸爸没有打电话，没人给小宝宝打电话。"妈妈继续抱着他，并和他咿咿呀呀。豆豆蹬着腿上上下下地动着……豆豆在找乳房，妈妈给了他乳头。很快地，豆豆把头挪向一边，玩起妈妈的下巴，好好看了看妈妈的脸，然后又开始叼住乳头。我想，他吃奶时正连同奶一起，内摄妈妈的形象。

　　在这次观察中，豆豆展示了利用过渡性客体的能力，帮助自己应对妈妈的离开、独处，以及探索玩具和身体的协调性。当遭遇挫败时，他通过与观察员的眼神接触、吸手指、自我对话和想象来安慰自己，然后继续探索，直到熬不住时，他进入了偏执—分裂心位，终于放声大哭。妈妈注意到这次哭声的急迫性，放下手头的工作过来安慰，仍然在沮丧情绪中的豆豆把离开的妈妈当作坏客体，用她给的积木打她的掌心，然后又把积木扔掉，而妈妈仍然安静地面对豆豆的攻击性，并把积木找回来还给他，好像在说："即使你攻击我，我仍然会回来的。"通过妈妈的容纳，豆豆往抑郁心位挪动，看着妈妈并回应给她笑脸，好像要修复关系。随后，他伸手拿起电话，也许是希望找出和妈妈独处的那个第三者，妈妈提到爸爸后，豆豆寻找和独占乳房，重新摄入好客体。

用婴儿研究领域的语言来解读的话，豆豆应用了"自我导向的调节行为"和"他人导向的调节行为"（Tronick, 2003），来控制和改变自己的情感状态，这两种行为模式都能够将婴儿的负性情绪状态转变到正性情绪状态，这样他就能与他人和物一起追求目标导向的合作。托尼克认为，互动性修复的经验和把负性情绪转换为正性情绪，能够使婴儿增强自我导向和他人导向的调节能力，并在应激状态中更加有效地利用这些能力。经过成功经验和修复经验的积累，婴儿建立起正性的情绪内核，在自我与他人之间有了较清晰的边界。通过这些经验，他发展出有效能的自我表征，发展出正性的、可修复的互动表征，发展出可靠的、值得信任的照料者表征。相反地，婴儿经历的修复越少，则恳求母亲回应的可能性越小，而更可能转身走开，并变得痛苦。

根据鲍尔比的依恋理论（Wallin, 2007），在以上观察中，豆豆与妈妈分离后的重聚质量预示了依恋的质量和以后分离的困难程度。分离是发展独立能力的必然过程，豆豆在 8 个月大的时候断奶，在 1 岁时，他已经热衷于到处移动，但距离仍然较短，并且总是从妈妈这个安全基地出发。

| 第一章　观察性学习 |

　　妈妈把他抱到地垫上，让他站在沙发旁玩一个遥控器。随后，妈妈去了主卧卫生间洗衣服。豆豆对玩具似乎没有兴趣，他现在喜欢爬，边爬边不停咿咿呀呀地发声，好像在和自己说话。他爬向"禁区"（铺着白色瓷砖的餐厅）。我抱起他，把他放回地垫上。他没有抗拒，但也没有放弃，除了餐厅，他还爬向主卧，最后爬向卫生间，妈妈就在那里，尽管妈妈一直让他别过去……当妈妈回去洗衣服时，我在卧室和豆豆待在一起……他在房间探索了一会儿，包括站在一个小条镜前看了会儿自己，然后爬出了房间。他想爬向餐厅，但我干预了一下，于是他改变方向，爬向了妈妈。他停在卫生间门口，观察了一会儿，然后决定爬进去，玩起了水桶把手。妈妈再一次把他抱进了卧室。很快地，他又爬向妈妈。妈妈问豆豆能否给她10分钟让她做完家务。这样来来回回，豆豆又去了妈妈那里两次。

　　在1岁3个月大时，豆豆对自己能够走路的成就倍感兴奋。

　　豆豆在电视柜旁站着。他看着我，并走向我，他的红色鞋子与地面摩擦着，发出"滋滋"的声响，似乎在宣告他正在走路，请大家看看他……今天，他可以完全挺直身板自己走路，而且步伐坚定，他这样走路大概已有一段时间了。我问妈妈他是什么时候开始走路的，她说是上周五……

　　同时，走路变得比吃饭更加重要了。

妈妈继续吃饭并喂着豆豆……豆豆很快对吃饭失去兴趣。妈妈递给他一本小书去"读",借以保持他的注意力。他探索了书,同时吃了一口饭。不久,他就离开了座位,开始到处走动。妈妈跟随着想去喂他,他不顺从,但最终还是吃了。他甚至走进电视柜和墙之间的空隙,好像想藏起来。

一周后,豆豆拒绝进家门,而更喜欢穿着他的"滋滋"鞋在家门外的走廊来回走。当妈妈抱起他时,他大声哭喊以示抗议,进了家门后,他仍旧到处走。逐渐地,在每周一小时的观察里,豆豆和妈妈的互动越来越少。当豆豆1岁8个月大时,家里给他重新装修了一个房间,标志着另一种分离的到来。

## 总结

以上关于理论讨论的论述,只是提纲挈领地阐明在观察性学习项目中理论讨论学习部分的设置,勾勒出这个体系中相关理论的框架。为了便于理解,我使用了一个为期近两年的婴儿观察的部分材料,来呈现在这样的体验性的学习过程中,在一个婴儿从出生到2岁左右的时间里,本文提及的相关理论是怎样沿着婴儿的发展和观察结合在一起的。

当然,读者在这里所看到的仅仅是一个婴儿观察的部分材料。在接下来的婴儿观察、幼儿观察和临床实践的篇章中,读者可以从十几篇文章中，跟随十几位观察员的思路，从他们的观察材料中窥探更多婴幼儿成长的过程，并从他们的思考中看到观察和理论的结合如此丰富和个人化。而这个结合的过程，也犹如每一个婴幼儿的成长，有着宏观的发展框架，又具有独特而丰富的发展历程。

## 参考文献

戴维·J. 威廉. 心理治疗中的依恋. 巴彤，李斌彬，施以德，等译. 北京：中国轻工业出版社，2014: 11-78.

Segal, H (1964). *Introduction to The Work of Melanie Klein*. Bath: Pitman Press, 11.

Shuttleworth, J (2009). *Psychoanalytic Theory and Infant Development*. In Closely Observed Infants, ed Miller, S, Rustin, M, Rustin, M and Shuttleworth, J. London: Duckworth, 22-51.

Sorensen, P B (1997). *Thoughts on the Containing Process from the Perspective of Infant/Mother Relations*. In Developments in Infant Observation, The Tavistock Model, ed Reid, S, London: Routledge, 113-122.

Tronick, E Z (2003). *Emotions and Emotional Communications in Infants*. In Parent-Infant Psychodynamics, ed Raphael-Leff, J. London: Whurr Publishers, 35-53.

马戈·沃德尔. 内在生命——精神分析与人格发展. 林晴玉, 吕煦宗, 杨方峰, 译. 北京: 中国轻工业出版社, 2017: 108.

Winnicott, D W (1953). *Transitional Objects and Transitional Phenomena—A Study of the First Not-Me Possession*. Int. J. Psycho-Anal., 34:89-9.

Winnicott, D W (1956). *Primary Maternal Preoccupation*. In Collected Papers: Through Paediatrics to Psycho-Analysis. London: Tavistock, 1958: 300-305

Winnicott, D W (1958). *The Capacity to be Alone*. Int. J. Psycho-Anal., 39: 416-420.

Winnicott, D W (1960). *The Theory of the Parent-Infant Relationship*. Int. J. Psycho-Anal., 41:585-595.

Winnicott, D W (1963). *The Development of the Capacity for Concern*. In Reading Winnicott, ed Caldwell, L & Joyce, A. London: Routledge, 2011: 170-181.

# 第二章

# 婴儿观察

沿袭美国华盛顿精神病学学院的设置，麦德观察性学习项目的每位学员在结业前需提交一篇毕业论文，学员们按照自己的兴趣和两年观察的材料自行选择主题，结合相关理论，就所选主题展开讨论。学员们的选题是多元化的，本章收录的文章包括以下内容。

1. 郭晶昉在《婴儿未命名的内心世界》里，探讨初生婴儿的感知、情绪和认知等与母亲的容纳能力之间的关系，引发我们思考从婴儿出生起就与他进行沟通的好处。

2. 何雪娜基于中国家庭中老人担任婴儿照料者的国情，对"多人照料情境下母婴关系的重要性"展开论述。

3. 张涛因观察到婴儿的湿疹与养育的情绪环境的关系而撰写《婴儿的心理与皮肤》，指出婴儿的皮肤与心理、情绪的密切关系；

4. 戴艾芳解读"婴儿游戏中的成长密码"，探讨婴儿的工作——游戏——对婴儿的各方面发展的重要性。

5. 胡斌在《与母亲分离后婴儿的行为变化》中，通过观察真实情况，为照料者提供分离对婴儿的影响和婴儿如何应对的信息。

6. 蔡惠华讨论婴儿的攻击性，并以观察片段呈现照料者"如何应对婴儿的攻击性"。

7. 高宁见证了婴儿的出生对大孩子的影响，希望通过《二孩家庭中大孩子的心理困境》一文与父母分享关于处理手足竞争的一些思考。

# 婴儿未命名的内心世界

郭晶昉

## 引言

弗洛伊德（S.Freud）认为，婴儿有自己的内在世界，从婴儿游戏中可以看到婴儿的内在世界。同时，他曾在临床治疗中把精神分析治疗的过程比喻成考古，清理掉遗址上的垃圾与覆盖物，最终从清理出的遗物中可以判断出哪里曾是宫殿。临床上，则是通过病人的陈述，观察与感受病人当下的状态，理解病人早年的意识与潜意识世界（Freud, 1896）。尽管病人多半不记得很早期的经历，但借助情绪情感的线索，仍可构建病人婴儿期的世界。尽管这种穿越时空的构建不可避免地带有误差，却仍可证明婴儿有独立的感受和想法，早年的体验会对他产生终生的影响。克莱茵也从临床的角度对婴儿的世界进行了大量的描述。与弗洛伊德相比，她更加细致地分析了3岁以前的婴儿的世界，她认为自我是从0岁开始出现的，尽管那时的自我还不够凝聚和整合。简单地说，这时的自我就像一台临时组装的机器，还有很多功能无法使用，性能也不那么好，面对内部涌来的焦虑与外部养育者和环境产生的刺激，小婴儿采用各种方式努力应对。这些感受与应对的过程构成了小婴儿颇有深度而复杂的内在世界，形成了自身的性格特点。兼具小儿科医生和精神分析师双重身份的温尼科特在

BBC 电台节目中多次强调，要把小宝宝当成一个有想法的人。他说："你和我一样，相信宝宝一生下来便有想法。"另一处，他提到："母亲从一开始就毫无困难地在宝宝身上看到了人的迹象，但有些人却告诉你，小婴儿在 6 个月大以前只有身体和反射作用。当人们这样说的时候，你可千万别上当了，好吗？！"（温尼科特，2009）。这里所说的"人的迹象"，在我看来，指的是婴儿如同成人一般有自己的感受和情绪。丹尼尔·斯特恩（Daniel Stern）认为，婴儿在人际互动中主要体验他的自体感觉，他认为一些自我感觉在语言和自体意识出现之前就已经存在了，始于或早于出生。他这里说的自我感觉包括感官感觉、身体凝聚力的感觉、时间连续性感觉，还有心理目标等（1985）。从他的角度看，婴儿从一出生就对不同方面有着很丰富的感觉，这些被体验到的感觉是婴儿与外界沟通的工具。既然有这些感觉，必然会引起相应的感受，最后引起相应的情绪。

既然婴儿从一出生就有情绪感受，却不知那是什么，要如何处理，那么帮助婴儿应对并学会处理它们就变得很重要。那么养育者具体要如何帮助婴儿处理这些感受呢？比昂在《从经验中学习》（Learning from Experience）一书中阐述了容纳理论，用"容器"与"被容纳物"两个术语描述治疗师对病人的情绪感受的处理过程（1962）。这个过程也同样适合婴儿与养育者。我在这里对容纳的过程做一个简短的描述。婴儿将无法忍受的情绪感受投射到养育者身上，把他不要的"被容纳物"装到养育者的"容器"里。养育者将其吸收消化，并将消化过的内容返回给婴儿，返回的方式就是给那些情绪感受命名，比如，告诉婴儿，你害怕了，你饿了，你感觉很热……被命名了的那些杂乱的感受便不再仅仅是非理性的、混乱的、未知而无名的东西。名字是对那些情绪感受的属性进行的基本的、理性的判断，这个过程在帮助婴儿理解自己的同时，增加了理性，提升了认知，这也为婴儿长大后拥有稳定的情绪状态、建立高情商，以及理解他人感受等，打下了基础。

## 来自笑笑的启示

我先讲一段在观察中令我感到颇为惊讶的体验，也正是这段体验让我坚信婴儿有着同成人一样丰富的内心世界，有自己的感受、情绪与想法。这件事发生在笑笑 11 个月大时，那天中午，我照例去观察，又赶上他睡午觉。我进门时，他已经睡着了，保姆在外间忙碌，屋子里只有我们俩。我坐在椅子上看着他，看他毛茸茸的小脑袋、闭着的小眼睛、长长的睫毛、小巧的鼻子、微闭的小嘴巴、粉嫩的小手，觉得好可爱。一边看着，一边联想。我任凭思绪自由流动而不做任何干涉。突然，我像触电了一样，原本靠在椅背上的身体嗖地坐直了，我的心被一种很痛苦的感觉击中，很悲伤，我还没反应过来怎么回事时，头脑里出现了一个想法：笑笑断奶了！我迅速回想在那之前的一段时间，笑笑起了一些疹子，哭闹的次数也比以往要多。他一定是在那段时间断奶了。几个月后的一次观察中，保姆与一位邻居聊天时，证实了我那次的猜想。观察过程中，我一直都遵守不与养育者聊天的设置。观察的时间从中午12点开始，我到的时候，孩子基本都睡了，我在那之前有一段时间没有看到他是怎么吃奶的，也没有去想有关吃奶的事，更不要说断奶。因断奶而产生的痛苦感受与想法不是源于我的猜想，我内心突然被击中的感觉与断奶的想法来自笑笑的潜意识。我在不干涉自己自由联想的情况下，有机会感受到了笑笑的感受和想法。如果婴儿是没有感受与想法的，那么我即使再放松也无法借助内心体会到他的感受，理解他的想法。这个过程说明内心感受的信息即使不讲出来也可以传递出去，并影响到对方。反过来，成人的情绪同样会被婴儿体验到。

为了便于理解我上面的经历，这里介绍一个专业名词——反移情。以最简单的方式来说，反移情是心理咨询师在会谈过程中体验到的自身对来访者的情绪、情感。这些被来访者激起的情感，其来源有两处：一个是来访者，另一个是咨询师自身。来访者的情感产生时会激活咨询师相关的感受。咨询师借助理解自己的感受，可以深入理解来访者。在观察笑笑的过程中，我仔细地看他，想到的也都和他有关，虽然我们没有交谈，但仔细的观察让我不断地获得有关笑笑的信息。这些信息激起我内心相关的感受与想法，最终断奶的感受也进入了我的潜意识。

笑笑失去母乳的剧痛，激活了我在婴儿时失去母乳的相同感受，借助理解自身的感受，我得以理解笑笑。这段体验让我印象深刻，也让我深信婴儿有着细腻的感受、丰富的情绪。这些感受与情绪，被体验到了，却不知道那是什么。面对痛苦的情绪，婴儿无法逃脱地受着煎熬。婴儿体验到的情绪会持续地存在。当婴

|第二章 婴儿观察|

儿笑起来以后，曾经体验到的痛苦并没有像哭声一样彻底消失。笑笑断奶是在 9 个月大时，而我体会到他的感受是在他 11 个月大时。时隔 2 个月，11 个月的笑笑看起来很平静，没有什么不适应。断奶的痛苦感受并没有时时浮现，却也没有彻底消失，而是成为生命的暗流。由此可见，婴儿有情绪记忆。

关于断奶的事，我在这里简单补充两句，以免断奶被误认为只是一件极其痛苦不堪之事。笑笑当时是因特殊情况断奶，他对失去母乳感到伤心。而温尼科特曾说过，没有任何一个宝宝能够做好断奶的万全准备（温尼科特，2009）。断奶是母乳喂养宝宝出生后的一次重大的分离体验，常常伴随着分离焦虑和随之而来的愤怒，而这个过程促使宝宝进一步独立，发展自己的能力。当然，如能把握好恰当的时机，适当地引导与辅助，将更加有助于宝宝将这些痛苦转化成生命的资源。

## 婴儿感知世界的形态

婴儿观察的经历让我体会到婴儿从出生之时就有情绪感受，这些感受会持续存在，只是难以回忆起来。婴儿渴望他人理解自己的情绪状态，并做出与其情绪状态一致的回应。初生婴儿拥有识别养育者情绪（包括养育者未觉察到的情绪）的能力，并能够做出回应。婴儿体验到情绪，但因语言功能的不成熟，无法运用语言表达，也无法借助语言工具对自己的体验进行思考和整合。

初生婴儿经历的一切在他的世界没有被命名，这增加了婴儿世界的无序与混乱感。养育者用语言描述婴儿的情绪感受，帮助婴儿理解自己正在经历什么，有助于婴儿应对困难，理解自己的内在和外在世界，进而扩展理解他人的能力，形成自身的性格特点。

朱迪思·拉斯廷（Judith Rustin）在《婴儿研究与神经科学在心理治疗中的运用——拓展临床技能》(*Infant Research & Neuroscience At Work in Psychotherapy: Expanding the Clinical Repertoire*)（2013）中引用了保罗·麦克莱恩（Paul MacLean）博士的三重脑理论，并结合毕比、拉赫曼（Lachmann）、斯特恩等人的理论做出如下阐述：三重脑中，婴儿来到这个世界时就拥有完全发展成形的爬行脑和情绪脑。情绪脑又称边缘系统，被认为是大脑中负责情绪加工，以及"解读"并调节与分离和依恋相关情绪的部分。这些大脑发展出来的部分给婴儿装备了足够的能力，用于加入并调节与主要照料者之间的互动性交流。值得注意的是，尽管情绪脑或边缘系统在出生时就已经发展出来，但外显记忆所需要的边缘系统的这个部分——海马，在晚些时候才会成熟起来。没有海马，就没有脚手架来搭建外显记忆。边缘系统不同的部分在成熟度上的差异，可能解释了婴儿为什么在生命的头几年能够拥有完整的程序及情绪记忆，却缺乏外显/象征记忆。新皮层是最新发展的部分，同时也是人类大脑最大的一个部分。这部分负责高级功能，如说话、推理、写作、决策、意识、判断等。爬行脑和情绪脑从一出生就已具备完整功能，而新皮层则不同。大脑的这部分在人出生后的头三年里呈指数级发展，并终身持续发展。

朱迪思·拉斯廷的这段论述清楚地表明，婴儿从出生起就有

## 第二章 婴儿观察

感受情绪的能力，并能够与照料者互动，根据照料者的状态改变回应的方式。这些体验会被记住，只是很难回忆起来。我在笑笑断奶后2个月时感受到的信息，也再次印证了婴儿的情绪体验被"记住了"。

而我在另外一个家庭的观察（在另一个观察小组里观察的家庭），则证明了婴儿从出生开始就拥有情绪感受。若若出生后的第2天，我在病房里见到他。若若睡在小床上，妈妈则躺在病床上休息。若若睡得很熟，大约过了20分钟，他突然皱起眉头，之后咧开小嘴，哇地哭起来，好像很恐惧。妈妈躺着说道："若若，妈妈在这儿呢，在这儿呢，不怕。你又害怕啦？昨天突然把你从妈妈肚子里拿出来，你一定吓坏了。"若若又平静下来睡着了。过了十几分钟，若若与妈妈又重复了一次这个过程（若若是剖腹产，由于一些意外情况，妈妈突然接受了手术）。邻床的妈妈前一天也经历了剖腹产，诞下了一名女婴，这个小家伙待上一会儿便大哭一场，护工抱着，妈妈试着哄她，都难以安抚。若若的妈妈建议邻床的妈妈也试着对宝宝讲这句话，那个小宝宝在听到妈妈对她这样讲以后，果然也安静了下来。如果若若两次听到妈妈讲同样的话安静下来只是巧合，那么邻床妈妈之前的安抚都难以让宝宝安静下来，讲了同样的话，宝宝便安静了，这第二个例子足以证明，宝宝们都体验到了出生经历的痛苦，他们在这种痛苦中挣扎，却不知道自己正在经历什么，也不知道什么时候会结束，为什么现在就和以前不一样了？当妈妈理解到宝宝痛苦的经历和害怕的感受，并命名了这些感受时，宝宝由此知道了自己的经历叫作"出生"，自己不在妈妈肚子里了，但妈妈还在身边，他只是感到害怕了,而妈妈告诉他不用怕。妈妈不断地重复这句话,让若若重复体验到安全,体验到自己是被照顾的、被理解的。

另外,我推测婴儿对他人情绪的感受能力异常强大(尤其是生命的头三四个月),这时由于认知能力的薄弱,感受力不受思维干扰,因而能够更加清晰和细致地体验到感受。我们可以想象一下,当吃一道美味菜肴时,如果你想细细地体会其中的滋味,你可以闭上眼睛,慢慢地体味初入口时的味道、舌头的感觉、咀嚼时的口感、吃下后的回味。这会儿越是不思考,越能体会其中的丰富与层次。对我们成人来说,让大脑安静一会儿,并不是一件简单的事。而婴儿的新皮层尚未充分发展,不受推理、判断等思维的干扰,可以清晰地感受到养育者自己都未觉察到的情绪。思维功能的薄弱也让婴儿无法知道他感受到的是什么,不能归纳整理,有序存储他所接收到的信息。他感受到的更像是一堆堆零乱的碎片,他需要有人告诉他,他观察与体验到的都是什么,之后他再一点点地将这些观察、体验与名字联系起来,最终整合,形成有序的世界。随着婴儿大脑新皮层的发展,认知能力在提升,感受性随之降低。

婴儿认知能力的不完善与回应方式的简单让我们误以为他什么都不知道。就好像你一直和一个人讲话,他一句也不回应你,你和他讲一天,他都没回应你一句,于是你很容易由此得出结论,他没听到你讲的任何话或是听到了也不理解。这样的误解影响着养育婴儿的方式,它容易使人们放弃思考婴儿在想什么,他经历的事情可能会引起什么情绪,养育者如何能够更有针对性地安抚他。如果养育者确定婴儿可以细腻地感受到一切,只是不能讲出

| 第二章　婴儿观察 |

来，那么养育过程就会更加尊重婴儿作为一个独立的人，更多地考虑婴儿的感受，并帮助他们认识和处理情绪。这不仅可以避免婴儿长时间的哭泣，也可以帮助他们更好地理解内心感受，降低焦虑和恐惧感，提高安全感，提高情商以及人际交往能力，等等。

从对笑笑4个月零3天时的观察中可以看出，婴儿真切地感受到了养育者的情绪，并受其影响。

笑笑中午只睡了一小会儿，保姆显然有些挫败。笑笑看着保姆的脸，当保姆的语气变严厉时，他脸上立刻严肃起来，保姆继续假装严厉地说他不睡觉时，他撇起小嘴，好像要哭了。保姆停下了，他也停下了，继续盯着保姆。保姆冲他笑了，他看了一会儿，好像仔细确定保姆是真的笑了，两三秒后，也随着保姆笑了起来。保姆很满意地回头对我说："这孩子可知道说了。"

笑笑感受到了保姆因挫败而产生的愤怒，难过地几乎要哭了，接着观察到保姆笑了，他并没有马上笑起来，而是停顿了一会儿，继续观察保姆，直到他似乎确认了，才没有负担地笑了起来。整个过程中，笑笑识别了保姆的不同情绪状态，并随着保姆的情绪变化而产生了不同的情绪。

有些即使是养育者自己都没有觉察到的情绪，也会被婴儿感知到。而家庭环境与人员的变化，时常被认为婴儿并不太关心，也和婴儿没有太大的关系，然而事实上这些对婴儿的影响远超我们的想象。如果我们成人的感受灵敏度是放大镜，那么婴儿的感受灵敏度则更像显微镜。以下是若若出生后2个月零10天的记录。

61

妈妈显得有些疲惫，她抱着若若，拍他的力气明显比平时重了许多，对此，妈妈好像毫不知情。一面拍着一面对我讲："他姥姥姥爷昨天晚上7点多回老家去了。他们刚走，若若就大哭起来，我怎么哄都没用，他哭得很大声，很伤心，直到最后睡着了。他很少哭的，他好像知道姥姥姥爷走了。他平时早上都是睡到九十点钟才醒，昨天早上7点半就醒了，而且很久都不睡。"妈妈今天简直是在摇晃若若，而不是平时的轻轻悠动他。若若微微地皱着眉头盯着妈妈，好像想得到点什么答案。妈妈继续说："这孩子今天怎么就不睡了呢？要是以往早就睡了，他一般醒1个多小时就会睡了，今天怎么哄都不睡。你看他都困了，一直揉眼睛呢。"

姥姥姥爷离开前，若若便已经感觉到家里要发生变化了，当天早上，他早早地起了床。两位老人离开后，若若连续几个晚上都在他们离开的那个时间哭泣，很明显是因为到了那个时间，他再次感受到了离别的痛苦。那两个他喜欢的人不再出现了，怎么也找不到了。他既想念又感到失落和难过，却又无法讲出来，只能哭泣。这些对他来说难以言表的感受，只能被转化为悲伤无措的哭泣——他还能做些什么呢？由于表达方式的局限，他难以把内心的痛苦清楚地讲出来。他也无法告诉妈妈，她拍他拍得太用力了，他觉得那样不对，跟以往不一样。姥姥姥爷的离开让妈妈也缺少了巨大的支持，她必须一个人照顾宝宝，这也让她感到失落与焦虑。若若对姥姥姥爷的离开产生的不适应也让妈妈焦虑，而妈妈的焦虑又影响到了若若。

一周后，妈妈告诉我，若若晚上不肯在小床上入睡，要妈妈一直抱着，抱上几个小时。妈妈一面跟我讲话，一面用力地前后推动小车，试图让若若睡觉。若若躺在小车里，盯着妈妈，用力地揉揉眼睛，又继续盯着。一会儿转向另一侧，看着小车的侧壁，又伸着两只小手让妈妈抱。妈妈说："我悠会儿，你睡吧。"看到妈妈的拒绝，小家伙委屈地撇起小嘴哭了起来。妈妈有些无奈地把他抱了起来，从客厅到卧室来回走着，眼睛望着远处。若若似乎很害怕也会失去妈妈，他要看着妈妈，以免她也消失了。他感觉到妈妈变得有些不一样，她的动作力度有些大，不再是他习惯的那种温柔。妈妈也不再全心全意地关注他，好像妈妈已经离开他了，他不得不努力争取更多的关注，焦虑的小家伙要得到更多的拥抱才能感到安心，他试图抓住妈妈的注意力，抓住妈妈的爱。

若若以不能入睡的方式表达他的不适应和焦虑。事实上，婴儿因为表达方式的局限，很难讲出他的情绪感受，过度强烈的情绪不得不另寻出路，身体便承担起处理情绪的工作。有时，婴儿会以大量吐奶或湿疹的方式表达他们内在的痛苦。笑笑6个半月大时，妈妈出差了一周。一周后，笑笑原本光滑的皮肤上起了很多红色的疹子。而之前他的状态很好，没有起湿疹。也许这些湿疹表达的是见不到妈妈的伤心和无奈。

## 婴儿拥有认知能力

10个月以上的婴儿的诸多肢体语言可以证明他听懂了养育者

的话，而事实上，在多次的观察中，我发现 10 个月以下，甚至初生婴儿也能够听懂养育者的话，这表明婴儿有认知能力。婴儿此时的认知以自我为中心向外开展。他内心激起的感受（如害怕），他正在经历的事件（如吸吮乳头），外部引起他兴趣的东西（如眼前红色的球），越是和他息息相关，他越有能力理解。克莱茵认为，自我从出生时就存在，婴儿可以听懂成人的话。

若若 8 周大时的观察记录显示婴儿有认知能力。若若闭着小眼睛，躺在妈妈怀里吃奶，他吃得津津有味，边吃边睡。10 分钟后，妈妈叫着："若若，若若，这面没奶了，妈妈给你吃那面好不好？"若若大概睡着了，妈妈稍稍提高音量，又叫了一次。若若松开小嘴，吐出乳头，仍闭着小眼睛，等着妈妈。妈妈把他竖着抱起来，把头转到另一侧。整个过程中，若若闭着小眼睛，迷迷糊糊的，不吵也不闹。在小脸蛋碰到妈妈乳房的瞬间，一转头，准确地把乳头吸进嘴里，又开始咕嘟咕嘟地吃起来。到若若 10 个月大时，这期间每一次的观察中，妈妈对若若说妈妈给吃另一面时，他都会把乳头吐出来。可见，最早 8 周大时，若若准确地理解了妈妈的这句话。听到这句话，他可以判断接下来妈妈会做什么，这让他愿意配合妈妈的行动，可以平静地等待。吃母乳是若若每天都会进行很多次的行为，这与他的相关性很高，由此推测，婴儿更容易理解每日高频接触的事情。如果对婴儿每日高频接触的事件用言语反复告知，则会增加婴儿的认知能力，也便于婴儿借助这些认知构建内在世界。

婴儿在加工感知的内容时，常认为那"和我有关"，这难免使得婴儿的理解有所歪曲。若若 3 个月大时，有一次，爸爸坐在旁

| 第二章 婴儿观察 |

边，抬着头跟妻子讲某人生气了，同时模仿了一下那人愤怒的表情。若若看到爸爸愤怒的表情，立刻撇起小嘴，委屈而害怕地哭了起来，好像刚刚被爸爸的表情中伤了，似乎觉得爸爸正在对他生气，这一切来得太突然了，他是如此地委屈和无措。当爸爸抱起他，轻轻地拍着他，对他说："不是对你生气，不是对你。"若若这才停下来，松了一口气。

婴儿的认知能力也是婴儿的防护墙，使他免于直接暴露在刺激之下，经过认知的加工，他能够更好地处理内外界的刺激，平抚情绪。若若3个月零8天时的观察记录：若若正在吃奶，闭着小眼，他吃奶时大部分时间都闭着眼睛，好像整个人沉浸在美好而满足的世界里。这时，电钻声突然响起，他立刻睁开眼睛，吐出乳头，微微地挑起眉头看着妈妈，好像在说："发生什么了？怎么回事？"妈妈说："小家伙，吓了你一跳啊？是电钻的声音，隔壁装修呢。没事的。"若若听了妈妈的回答，又去吃奶了。听到妈妈的回应，若若觉得安心了，可以继续吃奶。尽管他不知道电钻是什么，妈妈的解说和态度让他明白有那么个叫电钻的东西在发出声音，那是安全的，他不必为此担心。若若借助这样的认知信息获得安慰，得以再次平静下来。

基于婴儿的认知功能，当生活发生变化时，我们应当提前告诉孩子他将要面临的事情，帮助他做好心理准备以应对变化。比如，妈妈休完产假，要上班了，那么至少上班前1个月内，可以多次跟宝宝讲，妈妈哪天要上班了，还有多久，妈妈早上几点走，晚上几点回来，这期间谁会陪着他。除了事情本身，还要讲孩子的感受，比如，你见不到妈妈，会很想妈妈吧，会难过吧，不过晚上妈妈就会回来陪你了，妈妈也会想你的。而妈妈上班后，在家照顾他的人要重复这样的话。这样的重复可以帮助婴儿理解自己当下的经历和感受，借助这种理解，婴儿的情绪更易得到安抚。

我用认知能力有限来形容克莱茵所说的不成熟的自我。我在婴儿观察中见到和感受到的让我相信，婴儿从初生之时起，自我就存在。他可以清晰地感受到周围的环境，并受到这些环境的影响。如果有人以相对简单的方式向他介绍一些事情，他也有能力听懂，尤其是与他息息相关的事情。当他受到过度刺激时，如果成人能够准确地理解他的感受与想法，并把它们讲给他听，那么他会因被理解而得以更好地应对，痛苦感也会有所降低，不过不是完全消失。

## 总结

初生婴儿就有感受与情绪，也能够感受到养育者的情绪，并受其影响。婴儿不知道自己感受到的情绪是什么，借助养育者对婴儿情绪的命名，婴儿可以整合性地理解发生的一切。婴儿期的感受会持续地存在，只是难以回忆。婴儿渴望他人理解自己的情绪状态，并做出与他情绪状态一致的回应。婴儿对他人情绪的感受能力优于成人，他能够感受到养育者自己都未觉察到的情绪，并受其影响。婴儿的身体参与处理情绪体验，婴儿的一些生理疾病可能是由心理问题造成的。

婴儿能够听懂养育者的话，有认知能力，且越是与婴儿生活息息相关的内容越易被听懂。婴儿对感知的内容进行加工时，常常认为那"和我有关"，这难免让婴儿的理解有所歪曲。借助有限的认知能力，婴儿可以理解发生了什么，但也需要养育者帮助婴儿更好地管理情绪体验，整合内心感受，告诉婴儿他正在经历什么，他感受到的情绪是什么，帮助婴儿塑造健全的人格。

## 参考文献

威尔弗雷德·鲁普莱希特·比昂. 从经验中学习. 刘时宁, 译. 台湾: 五南图书, 2006: 41-45.

贝里·布雷泽尔顿, 乔舒亚·斯帕罗. 儿童敏感期全书（0~3岁）. 严艺家, 译. 海口: 南海出版公司, 2014: 30-40.

梅兰妮·克莱茵. 嫉羡和感恩. 姚峰, 李新雨, 译. 北京: 中国轻工业出版社, 2014: 8-9, 221-224.

朱迪思·拉斯廷. 婴儿研究和神经科学在心理治疗中的运用——拓展临床技能. 郝伟杰, 马丽平, 译. 北京: 中国轻工业出版社, 2015: 10-30.

唐纳德·W. 温尼科特. 孩子、家庭和外面的世界. 朱恩伶, 译. 台湾: 心灵工坊文化, 2009: 109-125.

Freud, S.(1896). *The Aetiology of Hysteria*. The Standard Edition of the Complete Psychological Works of Sigmund Freud, Volume III (1893-1899): Early Psycho-Analytic Publications. 187-221.

Stern, D N.(1985). *The Interpersonal World of the Infant*. New York: Basic Books. 5-10.

# 多人照料情境下母婴关系的重要性

何雪娜

在我国，隔代参与抚养的情况相当普遍。调查显示，目前，中国有近一半的孩子是跟随隔代长辈一起生活的，其中，孩子的年龄越小，与隔代长辈一起生活的比例越高。例如，在上海，0～6岁的孩子中，有50%～60%属于隔代教养；而在北京，这种情况更是高达70%（刘颖，2011）。对比《儿童敏感期全书（0～3岁）》（*Touchpoints: Birth to Three*），美国的育儿书籍中对隔代长辈角色的界定可能更为明确：他们只是"过去的力量"，并有"祖父母守则"对其行为进行建议和约束。这与我们国家当前的状况是截然不同的。

在能够查阅到的一些国外文献中，我看到的大多数是一些单亲家庭出于经济原因（Baker & Silverstein 等，2008），或由于父母自身的身心状况，这些家庭无力抚养孩子而需要祖父母帮助抚养，甚至是祖父母直接取得儿童的监护权。研究显示，这些孩子在情绪和行为上都比普通孩子更容易出现问题。造成这种情况的两个显著原因之一是，父母可能存在以下情况：物质滥用、对儿童虐待和忽视、死亡、离异或是青少年父母等。20世纪90年代初的非裔美国人由于父母吸食可卡因而直接由祖父母抚养婴儿的情况非常普遍。当今的美国有650万儿童跟随至少一位隔代长辈生活，其中超过56%的儿童是完全不和父母生活在一起的，这样的情况在美国儿童中大约占9%。原因之二是，在儿童的不同发展阶段，祖父母面临巨大的挑战，儿童可能无法得到足够的支持，于是会对父母产生怨恨，经济上的窘迫也会造成困境，因此他们容易产生愤怒、焦虑和内疚的情绪（Smith & Palmieri, 2007）。

从这些文献中，我们大体可以看到，这些儿童早先和父母的关系是有创伤的，也许这些儿童在婴儿期并没有和自己的母亲建立安全的依恋关系。而在中国的一些家庭中，婴儿在一开始是能够得到母亲较好的照料的，在与母亲建立安全依恋的同时，出于工作和经济的原因，隔代长辈参与抚养过程，而母亲并未完全脱离养育的职责。

那么，如果祖父母、外祖父母和父母同时参与对婴儿的早期抚养，会出现什么现象呢？母亲的角色和序位会是怎样的？母婴关系会有何变化？本文试图从对一个家庭观察的视角对上述问题略窥一斑。我的整个观察持续近两年，每周入户观察 1 个小时。

对依恋理论，我们已不陌生，从 20 世纪 50 年代末哈利·哈洛（Harry F. Harlow）从恒河猴的母爱剥夺实验中得到的育儿经验，到今天依恋理论的逐渐完善并被大众熟知，我们已经知道母亲在早期婴儿抚养中的重要性。但是，当祖母、外祖母和母亲同时参与婴儿的抚养工作，甚至在时间上是等量的，甚或如果母亲出于工作的缘故陪伴孩子的时间更少，在这样的情况下，婴儿还会优先选择母亲吗？

在我所观察的家庭中，母亲回归工作岗位之前，毫无疑问，她陪伴婴儿的时间是最长的，婴儿从开始学会伸手要抱时，无论是需要抚慰还是遭受挫折或者身体不适，他更多的是只向母亲伸手。偶尔交由其他人照料的时间不能太长，尤其是在夜幕降临时，

## 第二章　婴儿观察

婴儿会不断地哭泣着呼唤母亲。4个月左右,当看不到母亲时,母亲的声音也能起到安抚的作用。大约在5个月时,当母亲要求观察员抱一下婴儿,婴儿已经会哭泣着把手伸向母亲。

在中国,大部分职业女性在产后6个月时会回归工作岗位,我观察的这个家庭中的母亲也不例外。我在母亲开始工作后的第一周了解到,在她工作的第一天,婴儿哭泣得非常厉害,父亲用尽办法才能让他获得安慰,比如,要把他带到屋外,不断地分散他的注意力,才能让他不那么想念母亲,直到几天后,这种情况才逐渐缓解。

有趣的是,在母亲恢复工作后相当长的一段时间内,观察员都无法适应母亲不在场的观察,甚至调整观察时间,安排待母亲在场时再进行观察,这种现象直到婴儿1岁左右才开始转变。也许发生在观察员身上的这种现象,也正折射出了婴儿内心变化的一个平行过程。

在这个婴儿接近8个月大的时候,观察员观察到,当他不耐烦时,母亲将他抱起,他会紧紧地抱着她的脖子,并把头放在母亲的肩膀上。这时,其他抚养者——祖母和外祖母已经参与抚养过程,但这样的场景只在婴儿和母亲相处时才会出现。他9个月大时还没有断奶,当时我想,对母乳的依赖会让他更为亲近母亲,而母亲也会产生孩子更加依恋她的愿望。当时,母亲问过观察员:"你觉得他黏我吗?"

然而在随后的观察中,观察员发现这个婴儿更加亲近母亲的原因并不完全是母乳。这个婴儿11个月大时已经断奶,外祖母也已经参与抚养5个月了,但当母亲和外祖母同时在场时,一旦母亲离开他的视线，他就会爬着跟随母亲。在他 1 岁时，当祖母和父母都在时，我们一同步行，祖母抱着他，他会紧盯着母亲，如果有谁挡住了他跟随母亲的视线，他会"啊啊"地叫，而让他继续看到母亲，他就会安静下来。

同样在 1 岁左右，观察员发现，婴儿跟母亲在一起时会有更多的"撒娇"行为，比如，扑入妈妈的怀中，偎依在妈妈的腿上，而且会有更多的对母亲"身体探索"的行为，比如，用嘴和手触碰妈妈的身体，仿佛只有妈妈的身体才是值得侵占和探索的，这是他最为深刻的经历（Klein, 1952）。只要母亲在，他都会"寸步不离"。

在婴儿 15 个月大时，他会反复观看母亲与他在一起的视频，认真聆听视频里母亲的声音。16 个月大时，有一次，他观看视频的反应令人印象深刻：视频中，父亲抱着他。那时他只有 5 个月大，几乎只要母亲。父亲抱着哭泣的婴儿，对他说："你是要妈妈吗？"尽管父亲不停地安抚，他仍然大哭不止。看着这个视频，他竟然伤心地哭了，很委屈的样子。在一旁的母亲对他说："你是怕妈妈不要你了吗？"他点头说："嗯。"母亲给他换了另一个视频，他看了一会儿，又换回到这个视频，同样的事情又发生了。仿佛他能回忆起当时的感受，并要通过这个过程不断地说明他是不能没有母亲的。

在婴儿 17 个月大时，母亲和外祖母同时在场，这时，外祖母已经参与抚育工作一年了，当母亲哪怕是去上厕所，婴儿都会赶紧跟上去。母亲需要不停地向他解释"你不用跟进来，妈妈不走，就在这里"，但他依然在厕所外守着母亲。外祖母说他非常"黏"

他的母亲，只要母亲在，他一步都不愿离开。20个月大时，婴儿跟母亲在一起时会主动发起游戏，笑声也比跟其他抚养者在一起时多。到这时，他还是只愿叫祖母和外祖母做"妈妈"。他要是从外祖母的手机上找到母亲怀着他的时候录制的视频，就会很激动，反复观看，外祖母也会在一旁解释："看，妈妈，妈妈。"在另一段视频中，当看到自己被母亲抱起来，他也会伸开双手要求外祖母抱他。在他21个月大时，当父母和外祖母都在时，他一旦产生负性情绪，就会在第一时间朝向母亲寻求安抚，而即使外祖母离他较近，他最终还是会奔向母亲。

当婴儿感觉到对母亲的需求的时候，他已经知道了母亲是必需的，从健康的角度来说，这种需求变得相当强烈，通常会从6个月持续到2岁（Winnicott, 1963）。

因此，我发现，婴儿虽然在半岁之后由多个抚养者共同照料，而且母亲陪伴的时间出于工作的缘故大大减少，有时婴儿整天跟其他抚养者待在一起，但只要母亲在场，他就会更亲近于她；当母亲不在场时，他会通过一些途径如观看视频来想念母亲。当观察员和外祖母或祖母在一起时，婴儿是朝向外祖母和祖母的，他的举动表现出如同对母亲的依恋。在我的观察中，我认为这个婴儿发展出了优先选择抚养者的能力，他已经在内心将重要抚养者和他人进行了排序，母亲具有最高优先权。

"根据鲍尔比的研究，婴儿会优先选择向母亲寻求亲近的事实是源于依恋的实质作用主要在于可获得性。有趣的是，玛丽·梅因（Mary Main）引用了瑞典研究者做的研究，指出，就算是母亲离家外出工作，父亲实际上成为最主要的照料者，婴儿还是强烈地喜欢母亲。梅因认为，这个'令人惊诧的发现'可以用孕期经历来解释（比如，婴儿在子宫内听到母亲的声音，并立即对其产生偏好），在孩子还未从母亲的子宫出来以前，就或多或少地确定了母亲将会成为主要的依恋对象。"（Wallin, 2014）我认为我的观察印证了这个研究的结果，或者扩展来说——即使在多抚养者中，母亲仍然是主要的依恋对象，这个角色不可取代（但这也许不包含在婴儿早期母亲完全脱离抚养婴儿的情况）。

玛丽·安斯沃思（Mary Ainsworth）和鲍尔比研究发现，当母亲成为第一依恋对象，对安全型依恋的婴儿来说，他们会通过微笑、触碰和爬向等行为，向其他家庭成员形成第二依恋（secondary attachment）。婴儿在母亲那里得到的安全感越强，就越有可能对第二客体（secondary objects）形成依恋。然而无论怎样，环境中总会有一个主要的或首要的照料者（Bowlby, 1989）。当婴儿感觉被威胁、伤害或有需求时，他会返回安全基地，这个安全基地就是依恋的对象（Bowlby, 1988），而母亲通常被婴儿作为第一安全基地来使用。但由于婴儿和母亲建立了安全依恋，婴儿也能够跟其他抚养者建立依恋关系。基础的依恋关系决定了婴儿如何依附他人和这个世界（Winnicott, 1945）。

母亲的重要性可能还与温尼科特（1956）提出的原初母性贯注[1]有关。温尼科特指出，初为人母时，母亲的注意力高度集中在婴儿身上，似乎切断了和这个世界的一切联系，这种类似"疾病"

---

1 原注：原初母性贯注的特点在于从婴儿出生前到出生后数周内母亲对婴儿的全神贯注。根据这一现象，婴儿的心理与生理健康状态依赖于母亲能否进入与走出这种特殊的状态（郗浩丽，2008）。

## 第二章 婴儿观察

的状态对婴儿和母亲来说极其重要，换作养母是无法体会这其中的感受的。因而母亲与婴儿在最早期经历的这些复杂的过程和变化，也注定了母亲在婴儿早期多个抚养者中不可取代的地位。

除了优先朝向母亲以外，婴儿也更愿意跟母亲做游戏和互动，虽然其他抚养者也会陪伴他玩耍，却有着完全不同的感受，让我们来看几个这个婴儿跟不同抚养者待在一起的片段。

以婴儿 13 个月龄这个阶段为例。

在这个婴儿 13 个月零 2 周的时候，在一次观察中，他的外祖母和母亲都在。前半段，这个婴儿和外祖母待在一起，坐在客厅里的一个维尼熊的摇马上面。他看到观察员时没有太大反应，只是盯着观察员看。外祖母让婴儿给观察员表演骑摇马，他没有任何反应。接着，外祖母按响了一个开关，维尼熊发出歌声。他打了外祖母的手，然后咯咯咯地笑起来。他反复要外祖母给他按开关，让摇马唱歌，外祖母手把手地教他怎么操作，但他显得很不耐烦。他只是一味地要外祖母给他按下开关切换歌曲。之后，外祖母拿给他另一个玩具，他一会儿递给我，一会儿又把它扔到地上。

接着，后半段观察时，母亲回来了，婴儿和母亲一起玩耍，母亲教他说话，但无论母亲怎么教他发出"爸爸""外婆""奶奶""阿姨"等词汇，他发出来的永远是"妈妈"。母亲拿起书，那是一本动物的绘本，母亲一边展示书籍一边告诉他这是什么，并发出动物的声音，婴儿很开心地跟母亲互动着。一会儿，他拿着一页画满星星的纸递给母亲，母亲指着画纸说这是小星星，然后唱起了小星星的儿歌："一闪一闪亮晶晶，满天都是小星星……"婴儿认真地看着母亲，听着歌曲，仿佛很满足的样子。然后他们坐在沙发上，拿出一个套套乐玩具。现在婴儿已经可以很好地把圆圈一个一个地套进柱子里，不过玩不了多久，他就会把它们打翻在地。接着，母亲和他用套圈做了一个游戏，他们分别头顶着一个套圈，然后一起把套圈从头上甩下来。看起来他非常喜欢这个游戏，他们一起玩了10分钟左右，直到婴儿的兴趣被其他玩具吸引。

接下来，描述另一段这个婴儿13个月时一次跟祖母在一起的场景。

祖母把他抱下来，放到爬爬垫上，接着，他爬上了滑梯。祖母说："来，我们滑几次。"然后祖母把他放到滑梯顶端，让他滑下来。玩了几次之后，他开始在爬爬垫上爬来爬去。祖母让他靠墙站立，自己双臂张开，离他几步远，鼓励他走过来。他第一次走过来时摔倒了，祖母又让他尝试了一次，他朝向祖母快速地走了几步，扑入她的怀中。

观察员在婴儿更大些的时候也分别观察到几次滑滑梯这个运动场景，跟祖母在一起时，他是如此喜欢这样玩耍，乐此不疲。他在1岁半左右的时候，已经会邀请祖母来观看他的滑梯"表演"。祖母在旁边教他如何滑得更好，他会照着祖母的指导来做。

当婴儿跟祖母和外祖母一起玩时，他会选择身体动作较多的游戏，如骑木马、滑滑梯。而跟母亲在一起时，他更喜欢听到母亲的声音，注视母亲的神情，跟母亲有眼神的交流，比如，面对面地讲故事、唱歌和一起搭积木。虽然婴儿和母亲在一起时显得比较安静和专注，但他会跟母亲一起创造性地玩新的游戏，并逐渐与祖母或外祖母分享这些游戏，同时也能找到与祖母、外祖母玩耍时的乐趣。

在开展陌生人情境实验之前，安斯沃思曾困惑于乌干达和美国巴尔的摩的不同的婴儿观察结果：在乌干达，只要依恋的对象——母亲在场，婴儿就不会停止探索行为，只有当母亲离开时，婴儿才会因难过而突然中止探索。在巴尔的摩的情况则相反，无论依恋对象在或不在，婴儿都会继续探索。安斯沃思试图解释这些美国婴儿为什么对母亲的归来和离开如此习以为常，她不愿相信母亲作为安全基地的行为会全部消失（Wallin, 2014）。在我的观察中，这个婴儿有时也会表现出对母亲的归来和离开习以为常或没有太大反应的情况，但其实更多时候，当我们可以观察到婴儿跟不同抚养者互动的细节时，我们会发现这些不同，也会被婴儿和母亲的连接和互动深深打动。

接下来，我们再来看看婴儿与不同的抚养者之间进行阅读时互动的细微区别。

这是一小段母亲为婴儿念书时的描述："他选定了一本动物的书籍，母亲蹲在他对面，为他念书，一边展示给他看，一边念出声来。他对母亲这样的陪伴感到很惬意，时不时看看母亲的脸，又时不时看看书，每当母亲翻书时，他都会对她报以微笑。观察员觉得好像这个世界里只有母亲和婴儿。"

他和祖母在一起时，不看电视的时候，他会从书架上拿出书来递给祖母，让祖母给他念，并学习指认书上的动物和人物。当他再去拿第二本时，祖母让他把书递给观察员，他想了一下，本想把书递给观察员，却再次把它递给了祖母。跟外祖母一起读书时，更多的则是以能够正确认识物体为主，一起阅读的时间很短，注意力很快就会转移。而跟祖母和外祖母在一起讲故事时，如果有一本书是关于母亲的，他基本会优先选择阅读那本。

玛莎·布拉金（Martha Bragin）和莫妮卡·皮埃尔庞特（Monica Pierrepointe）(2004)曾对在美国做保姆和家佣的外来移民母亲与她们的孩子之间的关系做过研究，她们总结了母亲出于经济原因在早期需要其他家人帮助抚养婴儿而形成的几种依恋的情况，对婴儿把母亲作为第一依恋对象还是第二依恋对象的情况做了详细的描述。她们指出三种情况：第一种，婴儿与母亲形成安全依恋，母亲是第一依恋对象，之后婴儿与第二依恋对象（家族里的其他女性，祖母或姨母等）生活在一起，而且第二依恋对象从婴儿出生后也非常了解婴儿；第二种，婴儿在出生后就被诸如祖母或姨母照顾，与之形成第一依恋关系，母亲是第二依恋对象；第三种，也是最糟糕的一种，婴儿没有第二依恋对象照顾，家庭可能花钱雇用陌生人或交给远房亲戚来照顾婴儿，这些抚养者不仅不能对婴儿提供足够的照料，而且可能会虐待他们。

在我的观察中，母亲由于工作而离开，但并没有长时间不出现在婴儿的面前，母亲几乎每天都能和自己的孩子在一起，所以母亲仍然是婴儿的第一依恋对象。而且这个家庭的其他女性抚养者也表现出接纳母亲作为婴儿的第一抚养者的地位，并未出于长辈的身份而对母亲作为婴儿心中的"第一"加以责难和干预。

然而，在承认母亲角色第一位的同时，恐怕我们也要以发展的眼光来看待多抚养者抚育环境下婴儿的成长，在并不过于混乱或频繁更换抚养者的环境中，是否也有利于婴儿发展出适应的能力，并实现分离个体化呢？海因茨·哈特曼（Heinz Hartmann, 1939）曾推论，如果人类像其他所有有机体一样，从根本上被设计为与环境相适应，那么这种适应就不止限于生理方面，还包括心理层面。因此，他设想中的婴儿并不是突然就被要求适应环境，而是自出生就带有一种潜力，像种子等待春雨一样，等待适宜的、可预期的环境条件出现来实现成长，让人类能够适应环境。

母亲的离开的确会导致婴儿产生一种深切的丧失感（Bowlby, 1973）。但由于第二依恋对象在婴儿出生之后就很了解婴儿，她们提供了身体上的可获得性（physically available），她们充当了母亲的替代品，她们爱着婴儿并尽量做好抚育的工作，因此，当一个爱他、了解他的人成为第二依恋对象和主要照顾者时，婴儿的适应韧性（resilience）必定会增强。照顾者懂得为婴儿保持鲜活的、持续的关于母亲的记忆，以减少婴儿的哀恸感，并激励、鼓舞婴儿。母亲会给婴儿打电话、写信和寄包裹（Bragin & Pierrepointe, 2004）。这也犹如本文中的婴儿通过观看有母亲的视频来保持对母亲持续的感受，祖母和外祖母会帮助婴儿保持对母亲的思念和记忆的体验。而良好的母婴关系经过婴儿的内化，使得婴儿内心有一个好的客体存在，也使婴儿更容易接纳和信任一个可能没有母亲在场的良好环境。

从人类学的发展观点来看，灵长类动物，无论是大猩猩、类人猿或叶猴，在种族中一直存在同一母系氏族的雌性可以抚养幼崽的现象，称为代母（allomothers）。而不能分享照料幼崽的最主要的原因是母亲不信任它所处的环境。在一些原始部落，女性需要来自家族的女性，比如，自己的母亲、姐妹，甚至是自己的祖母，来帮助照料自己的孩子。这种帮助更多的是经验的传递，或在母亲多生育时的协助。灵长类的社会构成是多种类的，但在母亲生产时靠近家族却是非常重要的，一方面，它可以更好地保障母亲的利益；另一方面，如果母亲足够自信能够轻易无伤害地要回自己的婴儿，她们会倾向于和家族成员"分担"对婴儿的照料（Hrdy, 2011）。

　　海迪·凯勒（Heidi Keller, 2013）对依恋理论中的母亲唯一性提出质疑，她指出，依恋理论建立在西方文化下的研究结果之上，而忽略了其他多种文化形态下的依恋。比如，安斯沃思对依恋类型所占比例的研究结果与德国、日本和以色列的研究结果是有出入的。凯勒的文章从跨文化的角度，列举了更多类型的抚养方式对依恋的影响。关于多抚养者类型，较多的研究结果显示，无论从灵长类动物还是人类的角度看，都更有利于母亲的生育、婴儿的存活和适应。其中，她引述罗特鲍姆（Rothbaum, 2000）对日本amae[1]现象的理解，这种整体文化对人的影响已经超过心理自主性，依恋-探索（attachment-exploration）模型在日本应该被依恋-适应（attachment-accommodation）模型取代。

---

1　原注：amae，即"甘え"，它是日语特有的词汇，大体指一种类似儿童对母亲撒娇的特殊的依赖感情或行为。日本学者土居健郎（どいたけお）认为"amae"是日本文化心理最突出的特点。这种心理普遍反映在日本人的人际关系的各个方面，如在家里孩子对母亲的依赖、在公司下级对上司的依赖、在学校学生对老师以及低年级学生对高年级学生的依赖（https://baike.baidu.com/item/amae）。

所以，多抚养者介入养育过程并非在今天才出现，也并非中国特有，但这样的抚养方式的确是中国文化背景下的普遍现象。也许，对文中的母亲来说，可能她也曾是在多抚养者养育的环境中长大，在生育后沿用过去的体验也是母亲本身的需求，这样母亲似乎才能够更加安心地投入抚育过程中。而在这个过程中被支持和安全感的获得，也经由母亲传递给婴儿。

然而，我依然认为，无论在何种文化背景下，采用何种抚育方式，母亲都必须具备抚育婴儿的功能，也即母亲自身拥有同婴儿建立安全依恋的能力，在拉斯廷的文章《成为母亲的挣扎过程：基于临床和观察视角的反思》(Struggles in becoming a mother: Reflections from a clinical and observational standpoint)(2002)中，临床案例中的莎丽从小没有获得足够的良好养育，这导致她缺失母性功能，在她生产之后，莎丽的养母成为婴儿更为关键的抚养者。而我观察的那位母亲本身具备较好的抚育婴儿的能力。所以，如果母亲能在婴儿成长初期帮助婴儿跟母亲建立起安全依恋关系，后期第二依恋对象（爱的客体）参与进入抚养关系，同时保留母亲作为婴儿的第一依恋关系，那么是可以看到婴儿对环境的较好适应能力的。

母亲为婴儿提供照料的不同阶段是非常关键的，如果母亲能与婴儿建立紧密的联结，在合适的时机进行分离，让婴儿体验适度的挫折，那么婴儿忍受焦虑的能力就会增强，既体验欲望，又发展出照顾自己的能力（Winnicott, 1963）。本文中所观察的婴儿与母亲分离的时间点也许会引发一些争议，毕竟他在半岁之后就不得不接受母亲每天离去的时间较长，而被交由隔代长辈照料的局面。在温尼科特（1963）的理论中，婴儿在 2 岁之后，随着人格的发展，能够更好地处理丧失，此时多变而重要的环境因素才会被予以考虑，比如，妈妈－照料者团队（mother-nurse team）的出现，合适的看护者：姨母、祖父母，甚至是父亲持续地存在都相当于母亲的替代（mother-substitutes）。因此，可能在母亲开始跟婴儿分别的时候，婴儿是要承受焦虑的，分别的时间越早，婴儿焦虑的程度越大。但看起来观察中的这个婴儿并没有被这个焦虑压垮而出现拒绝母亲或矛盾的行为。

虽然温尼科特（1958）强调婴儿和母亲的一体性，但同时，辩证地看，隐含的另一条主线是母亲和婴儿从一开始也是分开的。在绝对依赖阶段，婴儿完全依赖母亲的照料，但从心理学的角度来说，婴儿的依赖和独立是同时存在的（Winnicott, 1963）。在观察中，这个婴儿在 4 个月左右开始学会玩玩具，他会留意身边的玩具，并抓握、舔尝它们，这是他能力的一个飞跃，同时也在影响他的心理发展。5 个月大以后，有一次，母亲把他拿在手中的一根青菜杆扔掉后，他显得难以忍受并哭泣。6 个月大时，当他可以抓住玩具啃咬，如果玩具脱落，在视线范围里消失，他会哭泣，需要有人把玩具重新放入他的手里。而在母亲开始上班以后，他更多的是把玩具扔到地上，然后发出"啊，啊"的声音，此时最好有人能帮他重拾玩具。

温尼科特（1945）最早发现了这些行为的意义：5 个月大的婴儿抓住一些东西放进嘴里，在平均 6 个月大时，婴儿会故意把东西扔掉，并把这当作他游戏的一部分。这表明婴儿可以理解他有一个内在，而物体来自外在，他懂得他可以得到一些东西，也

| 第二章 婴儿观察 |

可以去除一些东西，以及他可以得到什么。刚开始，他只能偶尔做到，但必然的结果是婴儿能够逐渐设想母亲同样拥有一个内在，他开始关注真实的母亲是什么样的，就这样，和一个人（母亲）的整体关系出现了。

我想，当婴儿开始出现这些发展时，也意味着他能够意识到自己跟母亲是分离的，并逐渐理解与母亲的分离。

托马斯·奥格登（Thomas Ogden, 1986）认为，母亲作为婴儿的心灵母体（matrix），是一个容纳性的空间，婴儿的心理和生理体验得以在其中发生。按照温尼科特的观点，婴儿的心理内容唯有在这个母体中才能得到理解，而这个心灵母体最终由母亲提供。随后，母亲逐渐地撤出与婴儿的一体性，所以过渡性现象出现。过渡性现象的实质是婴儿将代表母亲的心灵母体内化，母亲的主要作用是让婴儿脱离全能感[1]的幻觉，这也需要适当挫折的出现。婴儿能够发展出独立和独处的能力有赖于母亲能够持续保持"在场性"，如果婴儿感受到母亲是在场的，那么他就能够大胆地去探索和理解外界，并发展人格的丰富性（Winnicott, 1957）。

---

[1] 原注：婴儿的全能感（omnipotence），在婴儿成长的最早期，婴儿还没有与真实世界相联系，但可以在没有多少资源的情况下创造出一个世界来，可利用的资源就是想象的主观体验和幻想，他的愿望使事情发生，他饿了需要乳房的时候，乳房出现了，是他使其出现的，是他创造了乳房；他觉得冷，感觉到不舒服的时候，周围的环境开始变暖了，是他控制了周围的温度，是他创造了环境。母亲把"世界"给了婴儿，没有延迟，没有忽视，并且让婴儿幻想是他自己的愿望创造了他想要的客体（郗浩丽，2008）。

就这个被观察的小婴儿来说，我相信，在他的生命早期，母亲在他内心是持续存在的，哪怕母亲有时在现实中不在，更重要的是存在于他的心里，这即是所谓的"缺席母亲的在场"（the presence of the absent mother）（Ogden, 1986），婴儿内化的不是作为客体的母亲，而是作为环境的母亲——真实的照料者。

本文中的小婴儿在生命的最初期获得了母亲很好的照料，发展出了对母亲安全的依恋，这是至为关键的一点，也正是这篇文章强调的母婴关系的重要性。随后，祖母和外祖母介入养育过程，也许婴儿需要哀悼母亲的不时离去，但同时他也发展出了较好的适应能力，能够与其他抚养者建立较好的关系。这当然也得益于祖母和外祖母对婴儿的爱，并帮助婴儿体验母亲在他内心的持续存在感。

母婴关系的品质决定了婴儿能否拥有较好的适应能力。在多抚养者家庭，即使在客观条件的制约下，母亲无法全然地投入婴儿早期的抚养工作，但如果母亲能够与婴儿建立安全的依恋关系，无疑对婴儿的健康发展极其有益。

## 后记

由于这种多抚养者和隔代参与抚养的模式跟现代西方国家的模式非常不同，在写这篇文章之前，作者咨询了国外几位资深的婴儿观察专家。有些专家提出的意见是中肯的：一个婴儿依恋的品质可能涉及共性，同时也带有这个家庭的个性，每个家庭的情况都是特殊的。我想这篇文章所涉及的，只是从一个观察员的角度记录一个婴儿的发展，并总结出其中的一些现象。

## 参考文献

贝里·布雷泽尔顿，乔舒亚·斯帕罗．儿童敏感期全书（0～3岁）．严艺家，译．海口：南海出版公司，2014：411-416.

刘颖．爷爷奶奶外公外婆教孩子60招：中国祖父母最佳育孙宝典，北京：商务印书馆，2011：1-9.

戴维·J. 威廉．心理治疗中的依恋．巴彤，李斌彬，施以德，等译．北京：中国轻工业出版社，2014：19-31.

郗浩丽．温尼科特-儿童精神分析实践者．广州：广东教育出版社，2008：41-45.

Baker, L A, Silverstein, M & Putney, N M (2008) *Grandparents Raising Grandchildren in the United States: Changing Family Forms*, Stagnant Social Policies. J Soc Soc Policy, 7: 53-69.

Bowlby, J (1973). *Separation, Attachment and Loss*. Vol.2. New York: Basic Books.

Bragin, M & Pierrepointe, M (2004). *Complex Attachments: Exploring the Relation Between Mother and Child When Economic Necessity Requires Migration to the North*. Journal of Infant, Child &

Adolescent Psychotherapy, 3: 28-46.

Hartmann, H (1939). *Ego Psychology and the Problem of Adaptation*, 1-121.

New York: International Universities Press.

Hrdy, S B (2011). *Mothers and Others: The Evolutionary Origins of Mutual Understanding*. London: Belknap Press. 175-233.

Keller, H (2013). Attachment and Culture. Journal of Cross-Cultural Psychology, 44(2): 175-194.

Klein, M (1975). *Envy and Gratitude and Other Works 1946-1963*. ed Masud, M, Khan, R. The International Psycho-Analytical Library, 104: 1-346. London: The Hogarth Press and the Institute of Psycho-Analysis.

Ogden,T H (1986). *The Matrix of the Mind: Object Relations and the Psychoanalytic Dialogue*. Rowman & Littlefield Publishers. 131-200.

Rustin, M (2002). *Struggles in becoming a mother: Reflections from a clinical and observational standpoint*. The International Journal of Infant Observation, 4(3): 7-20.

Smith, G C & PALMIERI, P A (2007). *Risk of Psychological Difficulties Among Children Raised by Custodial Grandparents*. Psychiatry Serv., 58(10): 1303-1310.

Winnicott, D W (1975). *Through Paediatrics to Psycho-Analysis*. The International Psycho-Analytical Library, 100: 1-325.

# 婴儿的心理与皮肤

张 涛

我所观察的婴儿徒徒在出生后 6 个月左右开始出现皮肤问题，由最初的皲裂、干燥、有皮屑、结痂，到湿疹暴发，严重时生殖器上都会有水泡和红肿，整个状况持续了近半年的时间。我注意到，徒徒的皮肤问题逐渐成为这个家庭所关注的主要问题。本文试图阐述和解释他的皮肤问题的产生和情绪状态及发展之间的关系。

## 皮肤的心理功能

婴儿吹弹可破的皮肤，大概没人不爱。很多人看见肥白的小宝宝，都按捺不住地想要上前摸一把，甚至有咬一口的冲动。宝宝通过皮肤的接触与身边的人建立最初的联系，然后再与世界发生联系，这是一个至关重要的过程。这种看起来简单的皮肤接触，不仅和身体健康有关，还与情绪和心理发展息息相关。我们害羞的时候，会脸红；惊恐的时候，会面色苍白；紧张的时候，会出汗；等等，这一系列呈现在皮肤上的变化都是心境变化的外在表现。

皮肤是人体最大的可见器官，它不仅是躯体与外界环境接触的屏障，也是接收外界信息的重要器官。从心身医学的观点来看，它是反映情绪变化和直接受到情绪影响的器官。在心理生理学上，皮肤有感觉功能、防御功能、情感接受功能、情感表达功能。在生理学上，皮肤的主要功能有分隔与保护、碰触与接触、表达与表现、性欲、呼吸、排泄（汗）、温度的调节（Dethlefsen & Dahlke, 2014）。从胚胎发育的情况来看，皮肤与神经系统同源于外胚层，通过其丰富的感觉神经将环境刺激源产生的信号传递给中枢，通过全身应激反应来适应外界环境变化。心理负担或精神紧张影响中枢神经系统功能，自主神经功能紊乱影响皮肤汗腺分泌、微血管舒缩功能、皮肤及毛发的营养等，易发生皮肤疾病；皮肤应激反应过程中分泌的因子和皮肤自主神经产生的神经递质和神经肽，如SP、降钙素基因相关肽、血管活性肠肽、去甲肾上腺素和乙酰胆碱被激活，形成局部的应激反应系统，导致皮肤病的发生（许仕军，2007）。

在精神分析领域，埃丝特·比克（1968）认为，婴儿在生命的最初阶段，人格的组成如同一盘散沙，它们只能利用皮肤作为边界被动地聚合在一起。但这种容纳自我各个部分的内在功能需要先仰赖于一个外部客体。照料者抱着婴儿，让婴儿含着乳头，被照料者凝视，被皮肤、气味和声音环绕等经验为婴儿提供了聚拢、容纳的功能。婴儿认同和内摄这种功能，一盘散沙的状态逐渐被取代，开始出现内在和外在空间的幻想，至此，克莱茵所说的原始分裂、对自我和客体理想化的机制才刚刚开始。比克称这种功能为原初皮肤功能（primal skin function）。当客体不能提供容纳功能时，婴儿偶尔会用一些替代物来帮助自己聚拢，如灯光、声音，或者收紧肌肉等，以防止自己感到分崩离析。比克称这种功能为次级皮肤（second skin）。假如"次级皮肤功能"不幸成为主导，婴儿则会出现假独立，不当地使用某些心智功能或天生的能力，以替代原始皮肤的容纳功能，导致婴儿出现心理和发展困难。

综合以上，我们可以想象，在生命的开始，皮肤与情绪和心理发展就有着密切的关系。下面我将以婴儿观察材料为基础，尝试了解一个婴儿的皮肤问题与他的养育环境和照料者的容纳能力的关系。

## 婴儿观察素材

徒徒是家里的老二，他有一个大他2岁的哥哥，他的父母三十多岁。有一位主要的女性照料者，也就是他的奶奶，在他出生后的早期常住几周或几个月不等，而另一位主要的女性照料者是外婆，自第二年常住他家以后，奶奶较多在周末出现，她们在不同时期履行了不同的协同照料者的功能。由于父母从事助人性质的工作，家里经常处于开放状态，常有陌生人出入，甚至短住。在徒徒生活的环境中，似乎除了哥哥以外，他还要和很多人分享妈妈和爸爸，并且很多人会进入他生活的空间。

徒徒在接近2个月大时，跟妈妈有近一周的短暂分离。那时，妈妈因治疗喉咙的炎症住院一周，在这一周里，他只能跟爸爸、哥哥在一起，由爸爸用奶粉喂养，而在这个过程中，他吃得并不是很好。即使在妈妈住院前，妈妈的乳房也不是完全属于他的。妈妈在用母乳喂他的同时，也在帮助一个没有母乳的妈妈给其孩子喂奶。

与此同时，徒徒的父母关系紧张，妈妈常常会在观察中跟我抱怨爸爸，而爸爸也常常冲妈妈大发脾气。在徒徒出生后近半年的时间里，这种状态一直在持续，并且爸爸在这半年的观察时间里很少有笑容，大多时候都是板着脸，让人感觉非常紧张。

妈妈的产后抑郁状态使得她无法提供充分的容纳功能，供徒徒内摄一个好客体。妈妈出院回来后，或许是由于病痛和经济的问题，或出于对自身形象的担忧，以及对其他人无条件付出而产生的淹没感等各方面原因，她的情绪在相当长的一段时间里非常低落。我在观察中可以非常明显地感受到她很难待在孩子身边，总是抱一会儿就放下孩子；在抱孩子喂奶的过程中，她更多的时候是自己发呆、眼神空洞、出神或者看手机，与孩子眼神交流的时间不多。在相当长的一段时间内，妈妈很难去关注和回应徒徒的需求。在此期间，徒徒的皮肤出现了很痒的红疹子。

在徒徒第一次出现皮肤问题之前，他的家庭就因其父母的工作性质，经常接待来自国内外的很多人，常常有很多陌生人出入。而这些陌生人总会在进入这个家庭时充当起照料者的角色，并且方式都很具有侵入性，直接抱他，或将他在不同的人手里递来递去。这些人在照顾他的过程中，不断地评论他，并传递出各种情绪。我假设徒徒的皮肤问题也和他在形成自我边界过程中不断地被侵入和打扰有关。以下是徒徒出生后 5 个多月时的一个观察片段。

| 第二章　婴儿观察 |

妈妈抱着徒徒，(陌生人)甲过去伸手把徒徒抱了过来，表达出对孩子的喜爱，徒徒好像不愿意，哼哼地哭了起来。奶奶抱着哄他，一边哄一边说："哭什么呀？我抱得不好吗？你不喜欢我吗？"(陌生人)乙又把他抱了过去，走到外面的阳台上，徒徒好像被阳台外面的东西吸引了，哭声消失了，可没过多久，他又哭了起来，乙说："哎呀呀！怎么了呀？你怎么那么淘啊？！阿姨抱抱你能怎么样啊？像要把你怎么样似的！"

面对徒徒的哭的表达，两位陌生的照料者所表达出来的更多的是自身焦虑外化出来的指责或担心，并没有调频到孩子的需要。从他出生开始，我就观察到他的家庭有较多非固定人员进出。在接待这些人的过程中，因为父母需要照顾到来的客人，而来的客人几乎客串起徒徒的临时照料者的角色，这些照料者经常毫无顾忌地以各种方式侵入他，比如，突然从父母怀里抱走他，抱着亲吻他的脸颊，在他自由玩耍或专注于某些玩具的时候突然抱起他，带他离开熟悉的玩耍区域，在他哭泣时给予的哄抱中夹杂着很多批评、指责、抱怨等。

徒徒在出生后第7、8个月的时候，皮肤问题开始以湿疹的方式呈现，并且越来越严重，最先出现在右侧脸颊，之后开始出现在全身上下，甚至包括生殖器，最严重的时候，生殖器都已红肿溃疡。这样的状况反复出现，持续了近半年的时间，在他1岁左右的时候才开始消失。而每次他的湿疹变严重或反复出现的时候，几乎都是在前一两周他家里有很多人来拜访，或者他们外出到其他地方工作时。

徒徒似乎是以皮肤症状的方式表达着对焦虑、压力的反应和对边界入侵的愤怒！他通过皮肤问题表达对照顾的需求，激起了父母和奶奶对他的特别关注与很多特殊的对待。从妈妈方面来看，在观察中可以感受到她对孩子的关注多了很多，她会更多地盯着孩子看，会在搽药膏的时候看着孩子，跟孩子说话，表达她对孩子的心痛，会为孩子祈福。她抱孩子的时间也明显增多了。给孩子喂奶的时候，她会看向孩子，用奶水给孩子洗脸，试图治疗孩子脸上的湿疹。当孩子身上的湿疹比较严重的时候，他们一家人开始尝试用含有中药的水给孩子泡澡。在泡澡的过程中，妈妈会非常关注孩子，抚摸孩子皮肤的时间也很长（借着搽药膏和在水里的触摸冲洗）。对孩子皮肤症状的焦虑仿佛也将妈妈从抑郁中拉了出来。在他出现皮肤问题后，妈妈出神、发呆的时间好像减少了，她会想各种办法来治疗他。渐渐地，妈妈的状态更加活跃起来，情绪能量似乎也提升起来。当妈妈的状况逐渐改善的时候，徒徒的皮肤症状也逐渐减轻了。从爸爸方面来看，在徒徒出现皮肤问题前，大多数时候，爸爸对徒徒的啼哭没有给予太快或太多的回应，他更多地采取背对着自己的方式抱徒徒，更多地用行为回应孩子，而较少有话语或眼神之间的交流或回应。但在徒徒出现皮肤问题后，他面对面抱孩子的情况增多了，跟孩子说话的频率也开始增加，他会对着孩子唱歌和祈福。在其后的观察中，可以看到爸爸对孩子的安抚能力增强了，而孩子也会在焦虑状态中更多地把爸爸作为一个可获得的安全基地。

在徒徒出现皮肤问题以后，最显著的变化是父母之间彼此抱怨或指责的情况有了比较明显的改善。他们开始一起商量着用什

## 第二章　婴儿观察

么方法来解决孩子的皮肤问题，并且在这个问题上，妈妈变得更信任爸爸的处理，更愿意听取爸爸的意见，而且爸爸好像在这个时候更能够容纳妈妈在这个问题上的一些焦虑，他没有指责妈妈，而是更多地承担治疗方面的责任。当孩子的湿疹快要痊愈的时候，在观察中，我原来的那种紧张感越来越少，而且常常被父母之间彼此依恋的那种温暖和美好打动。伴随着父母情感的变化，徒徒湿疹的情况也在变化，紧张时严重些，轻松和美好时，症状就会减轻些。

在家庭的外在"皮肤"的功能上，外婆起到不可磨灭的作用。在我观察期间，外婆到了这个家庭后很少有言语行为，我甚至常常感觉不到她的存在。但从她住进这个家庭后，很大的变化就是这个家庭的外在"皮肤"——家庭的卫生环境好了很多。在相当长的一段时间里，我去观察时都可以看到外婆在打扫卫生。她来了以后，家里变得非常干净，我观察时光着脚或坐在地上不会有任何的犹豫。现在看来，她用这样的方式修补了这个家庭的外在"皮肤"的一些"漏洞"，也容纳了一些混乱。这些部分也促进了孩子皮肤症状的好转。

奶奶也增加了在这个家庭里的时间，更多地帮助爸爸妈妈完成一些家务，更多地支持妈妈，使妈妈可以有更多的心智空间去对待徒徒。同时，奶奶作为协同照料者，我可以明显地看出她对徒徒的偏爱，她注视徒徒的时间更长，而且温柔，对徒徒所表达的语言有更多充满爱的回应。

从后面的观察来看，这个部分所激起的爱的回应似乎帮助了徒徒重新内化一个容纳的客体意象，重建了皮肤的容纳能力。在之后的观察中可以看到，徒徒在皮肤症状痊愈后，他的可观察到的自我容纳能力很强。以下是在徒徒 1 岁零 2 个月时的两个观察片段。

有一次，只有徒徒和哥哥在客厅玩，哥哥在客厅跑来跑去，徒徒跟着哥哥跑。偶尔，哥哥会故意地跑过去撞一下徒徒，有一次，他一下把徒徒撞到了地上。徒徒坐在地上看了看哥哥，并没有哭，而是自己站了起来，嘴里发出呜呜的声音，继续跟着哥哥跑。当哥哥看起来又要撞向他的时候，他在哥哥快要靠近自己时，"咚"的一下，提前坐到了地上。等到哥哥跑开，他又自己站起来，继续跟在哥哥后面玩。

有一次，爸爸拿了零食给哥俩分，爸爸先递给徒徒，徒徒开心地伸手去接，结果中途被哥哥一下抢走了，徒徒愣了一下，但没有哭，只是看看哥哥，又看看爸爸。爸爸一边对哥哥说："别抢！"一边对徒徒说："等一下啊。"徒徒安静地站着，看着爸爸。爸爸另外拿了零食递给他，他一下开心起来，接过来笑着往嘴里递。

## 结语

在近两年的婴儿观察里，我很清晰地观察到婴儿皮肤疾病的演变，以及和家庭界限的侵入、母亲情感的转变及父母关系改变之间的契合的平行过程。我很难直接证明或说明后者导致了前者，但从这一点中，我理解了皮肤疾病与焦虑之间的相关；通过躯体化症状直接表达出来的对父母更加精心照料和安抚的需求。此外，我还看到由孩子的疾病带来的对夫妻关系的调和与拯救。这些可以帮助我们对理论的理解更加深化和具体，同时，也使我们更加清晰和明确地认识到情绪状态与皮肤功能息息相关，使我们相信有皮肤问题的来访者，有可能持续不断地容纳和修通困扰他们的情绪，这样做有助于从发展的视角理解皮肤的功能，在人格结构上固本清源。

## 参考文献

托瓦尔特·德特雷福仁，吕迪格·达尔可. 疾病心理学. 易之新，译. 上海：上海三联书店，2014：181-190.

郭本禹主编. 客体关系心理学. 福建：福建教育出版社，2011.

许仕军综述，陈金校审. 神经递质与心身性皮肤病研究现状. 实用医院临床杂志，2007.4(6)：106-107.

Bick, E (1968). *The Experience of the Skin in Early Object-Relations*. In International Journal of Psycho-Analysis, 49: 484-486.

# 婴儿游戏中的成长密码

戴艾芳

## 引言

在婴儿的生活中，除了吃饭、睡觉，婴儿大部分的时间都在游戏中度过。婴儿出生后就具备游戏的能力，只是他们的游戏很"隐蔽"。在他们与妈妈或其他照料者的每一次互动中，游戏已经存在。在游戏中，他们可以体验、探索这个世界，同时，他们也可以通过这一活动与他们的依恋对象产生联结。最关键的是，游戏在促进婴儿心理发展的过程中发挥着非常重要的作用。

本文所关注的游戏现象限定于婴儿的自主游戏。所有的这些游戏都是婴儿自主随意发起，或是在婴儿与照料者的日常互动中自然产生的。那些在我们日常生活中看似随意和简单的游戏内容往往是婴儿探索自己和外在世界的重要媒介。在游戏中，婴儿可以探索自己的情绪世界，也可以通过游戏理解自己与他人的关系。

本文试图用精神分析的理论理解婴儿观察中呈现的游戏现象，希望可以为养育者们提供更多的角度以理解婴儿的游戏活动，走进婴儿的内心世界，从而为婴儿提供更适合的养育。虽然文中所呈现的观察材料极具个性化，但这并不影响我们理解婴儿的共同的内在心理世界，理解婴儿游戏本身。

## 精神分析理论中的"游戏"

弗洛伊德在讨论人们的创造性活动时,谈到了游戏这一话题。他认为,孩子们最喜爱的,并且对他们来说最重要的活动就是游戏。在游戏中,孩子们创造了一个属于自己的世界,或把他们生活中的事物按照自己的方式重新安排,并由此获得乐趣。孩子的游戏是在愿望的推动下产生的,同时,他们对待游戏的态度是非常认真的,他们将自己大量的情绪投注在游戏中。

克莱茵在其儿童精神分析的理论体系中非常重视游戏的作用,她把游戏作为儿童精神分析的研究手段,她认为游戏是接近儿童潜意识的最佳途径。"假如给予适当的条件,儿童的自由游戏将和成人的自由联想起到同样的作用。"(王国芳,2011)儿童的游戏内容可以作为分析其潜意识的素材。

在对游戏进行探索和研究的众多精神分析家中,温尼科特拥有同时代最具创造性的观点。虽然他也看重游戏在治疗情景中的作用,但是他将游戏置于"非治疗"的情景中。他认为游戏本身就是有价值的。在温尼科特看来,游戏等同于创造性的生活,它构成了纵贯生命始终的自我体验的模板。

在《游戏与现实》(*Playing and Reality*)(温尼科特,2009)一书中,温尼科特指出,"游戏是普遍存在的现象,而且跟人的健康有关,游戏促进成长,所以也就促进健康"。他认为,游戏发生在过渡空间中,这一过渡空间是现实与想象之间的缓冲区。在针对"孩子为什么爱玩游戏"这一问题的回答中,他提出:①游戏可以为孩子表达攻击性提供空间;②游戏可以帮助孩子控制焦虑;

③孩子可以在自己创造的游戏中探索发现自我；④游戏使发展友谊成为可能。此外，他在阐述游戏的功能时提出，游戏促成了内外现实的连接，小孩子就是在游戏中将想法跟身体功能连接起来的；真正的游戏对人格的整合有很大的作用。

在温尼科特之后，对游戏主题的研究成果也非常丰富，虽然不同研究者的侧重点和理论观点各有不同，但基本的态度是一致的，即游戏呈现了婴儿（儿童）的内心世界，它是我们接近孩子潜意识的最佳途径；游戏对婴儿的心理发展具有非常重要的作用。

本文在讨论有关婴儿的游戏材料时，主要立足于温尼科特关于游戏的理论观点：重视游戏本身的价值以及对婴儿心理发展的促进作用，包括表达攻击性、控制焦虑、探索自我、发展创造力、发展友谊等。

## 观察中的"游戏"

以下观察材料中呈现的"游戏"限定于婴儿自主随意发起的活动。这一游戏活动可以指向他人，指向周围的客观世界，也可以指向婴儿自身（如婴儿对自己身体的探索等）。

婴儿的游戏世界丰富多彩，对他们来说，每一项游戏都有各自独特的体验和意义。婴儿的父母和其他养育者们会发现这样的现象：在某一发展阶段，他们会出现较为一致或类似的游戏内容和形式。这些游戏行为，如着迷于扔东西等，会让父母感到很困惑。面对他们花样百出的游戏内容，我们有欣喜，有无奈，也有更多的疑惑和好奇。这一部分，我将呈现婴儿观察中一系列婴儿的游戏内容，试着理解这些游戏所展现的婴儿内心世界，以及它们对婴儿心理发展的意义。

## 在游戏中感知自己与世界

### 第13周

　　洋洋躺在床上，做出一个想要翻身的动作，头朝左上方仰着，像在看什么东西，身体向左倾斜（处于左侧卧和平躺的中间位置）。保姆看着洋洋，说："你又在使劲儿啊？想翻身啊？……"洋洋仍然使劲保持着这个姿势，嘴里不时发出声音，像自己在玩，他看着我，两只小手握在一起。这时，妈妈走到洋洋的右侧，把他翻过来，让他变成趴着的姿势，不过洋洋的脖子还没什么力气，小脑袋抬不起来，就这样趴了一会儿，可能是累了，哼了几下，妈妈就又把他翻了过来，让他平躺着。

　　……

　　妈妈边拆东西边逗洋洋，洋洋时不时地打量着周围，妈妈和保姆逗他，他还会偶尔笑两下。过了一会儿，洋洋自己把左右手握到一起，看着自己的手，看着看着就把手塞进嘴里，开始吃手，自顾自地玩得很开心。

　　……

洋洋这会儿不哭了，开始在推车里左顾右盼，小脑袋不时地朝两边看，时不时地咿咿呀呀几下，两只小手一会儿在空中挥舞，一会儿搭在一起放到胸前，一会儿又把右手放进嘴里吃两下，中间还会不高兴地哼两声。

从上面的材料中，我们可以看到，刚刚3个月大的洋洋由于身体活动能力有限，他的游戏形式和内容也相对有限。在观察中，我发现洋洋最初游戏的对象是自己的身体，比如，他自己的手指、拳头、四肢等。翻身、仰头、握手、抓挠、挥舞四肢，这些都是他的游戏活动。虽然这些跟大家所理解的传统意义的游戏形式有很大区别，但这对发展中的婴儿来说却是非常重要的游戏内容。

针对以上游戏现象，我们可以借助弗洛伊德提出的"原始自恋"这一概念进行理解。原始自恋状态是在自我形成之前，个体将寻求快乐的能量向内投注的一种自恋状态。这一状态的突出特点是通过感知身体的部位来获得快感。这是婴儿最初体验快乐和自己的能力的途径，也是发展自我的基础。通过这些活动，婴儿得以探索自己的身体，获得乐趣。

婴儿不仅可以在跟自己身体的游戏中获得快乐，还可以在这一过程中发展自己的感官、释放情绪。斯特恩认为，婴儿一出生就拥有丰富的感知觉能力，他们通过这些自体感觉进行与外界的沟通。在洋洋的身体游戏中，他的一举一动无不在感知。这一感知的过程是双向的，一方面，他可以在这些活动中获得各种感知觉能力；另一方面，照料者可以通过他的活动感知他的状态。这样他可以通过身体的活动表达情绪，通过非言语的形式与照料者进行互动。

这也是婴儿与他人互动并建立关系的最初形式。随着婴儿身体机能的发展，会有越来越多的游戏形式呈现出来，他们也可以在多样的游戏活动中获得更加丰富的体验和更加强大的互动能力。

## "扔－捡"游戏中的客体与掌控

在这个婴儿习得基本的抓握能力以后，扔东西的游戏就成了他的最爱。在婴儿六七个月大时，这种情况会非常突出地显现出来，到2岁左右仍能观察到这样的游戏内容。

### 第8个月

洋洋手里拿着刚才玩的那辆小汽车，在手里摇晃了几下，掉到了地上，保姆等了几秒钟捡了起来，继续拿给宝宝玩。当他们走到我对面离我很近的地方时，小汽车又一次掉了，刚好掉到了我脚边。于是我弯腰去捡，拿起来放到他的手边，不过他一扑腾，小汽车再一次掉到了地上，他很兴奋地看着我。

### 第11个月

洋洋站在沙发上开始用手去拿扶手后面的几本书。拿过来一本，摇了两下，就把书放到了沙发上，之后又去拿其他的。这次他没有拿在手里，而是一本一本地往地上扔。保姆说："他就爱这么玩，昨天扔了一地。"

为什么孩子们对扔东西如此着迷？在扔东西的过程中他们可以获得怎样的体验呢？扔东西的游戏最初呈现的时候，只是一个偶然单向的行为，当照料者用语言和行动来回应时，他感受到自己的行为会引发一系列的结果。当这种反馈被他接收到，它会鼓励他重复这样的行为。慢慢地，这种偶然发生的行为会转变成孩子主动发起并可以为自己所控制的行为。在扔和捡之间不仅仅是游戏这么简单，它可以让孩子体会到"客体"的存在，即自己是可以通过这样的活动与他人产生联结，获得一种关系。就像上面材料中，洋洋在扔东西的过程中会跟保姆、观察员之间产生互动，他兴奋的眼神像在期待你的回应，根据你的回应，他会发起下一轮游戏。同时，在这一过程中，他可以体会到一种自我的掌控感：什么时候扔，扔什么，扔给谁，等等。扔东西的游戏会发展出很多其他的形式，比如，将某一东西藏起来再找到，这种类型的游戏本质上都呈现了孩子体验到的客体"存在－消失"的内在感受。

婴儿在成长过程中要面临一个非常重要的挑战，即与母亲的分离。我们这里讨论的分离是日常生活中常见的分离场景，比如，母亲外出、上班、休息等需要暂时离开孩子的情况。帮助婴儿顺利适应这一阶段对婴儿的发展有着至关重要的作用。婴儿对母亲的离开非常敏感，当饥饿感来临，或需要母亲来安抚情绪时，婴儿会用哭声呼唤妈妈的到来，如果妈妈迟迟没有出现，他们就会体验到强烈的焦虑，担心自己能否活下去，或担心妈妈永远不会出现。他们需要依靠其他照料者来帮助自己，同时也会调动自身的很多资源去适应。通过自己创造的游戏活动体验并缓解这种焦虑情绪是一种非常重要的适应方式。

## 第二章 婴儿观察

我们可以试着去理解这一游戏过程：婴儿把东西扔出去，象征妈妈的离开，客体的暂时消失；捡回来的过程又仿佛是一个客体重新回到身边的过程。在这个过程中，婴儿可以体验到一种完全的掌控感，同时在其中体验焦虑，并通过自己的方式释放和缓解。从另一个角度来看，这个过程仿佛将"母亲离开"这一只能被动接受的事件转换成了一个自己可以掌控和预见的过程。而这种体验对婴儿的心理成长至关重要。

在对洋洋出生后第 11 个月的观察中，洋洋经历了一次为期一周的跟妈妈的分离。如同我在上面的材料中呈现的那样，洋洋在那周里频繁地重复扔东西的游戏。无论是否有巧合的成分，至少在这个阶段，他在动用自己的所有资源来适应这一变化，游戏就是他最重要的资源。

也许这就是"扔－捡"游戏的魔力所在。这个游戏虽然源于现实，但经过婴儿自己的处理，它被放在了自身幻想与现实之间的区域，这一区域可以帮助婴儿体验这一过程中各种复杂的情绪，从而将自己的幻想与现实进行连接。在大人的眼中这样的游戏或许枯燥、无聊，甚至会激怒我们，但孩子们就是如此执着，在每一次扔出去以后，会用尽办法让这个客体重新回来。当我们能够看到他们这一行为背后的动因时，可以试着用一种欣赏的眼光去看待这一创造性的过程：瞧，他在努力地适应成长呢！

## 发展友谊的游戏空间

婴儿跟同龄的小伙伴建立友谊是一个逐步发展的过程。我们有一个普遍的印象：当婴儿很小的时候，他们只对照料者或比自己大的伙伴感兴趣，对同龄的伙伴好像没什么兴趣。虽然在婴儿很小的时候，我们看不到他们跟同龄伙伴之间的交流，但有研究显示，7个月大的婴儿已经会对其他孩子产生浓厚的兴趣，他们会通过面部表情、手，甚至脚趾进行沟通（布雷泽尔顿、斯帕罗，2014）。游戏是他们进行沟通的重要空间，我们可以看到婴儿们聚在一起时就是在游戏，通过游戏，他们可以"在一起"。

### 第10个月

妈妈从卧室拿出了好几个玩具：一个可以用手拍出声音的鼓，一只黄色的大螃蟹，一只会下蛋还会说话的鸭子。妈妈启动鸭子和一只青蛙，两个宝宝都被地上五颜六色的玩具吸引了。洋洋啃着汽车，这会儿他开始注意小小，盯着小小看了看，然后继续啃汽车。此时，那只会下蛋的鸭子在客厅里跑来跑去，一会儿跑到了宝宝们跟前。洋洋看到那只鸭子，很兴奋地挥手，想用手去抓，但鸭子跑了。这时，小小的手里拿着跳跳虎的汽车开始啃，洋洋手里的汽车被他放到了另一边，他开始注视着小小手里的玩具，向小小爬去，并伸出手去拿小小手里的玩具。小小还没反应过来，洋洋的手已经抓住了，但由于小小抓得比较紧，洋洋没有成功，当他再次试图去拿的时候，保姆给了他另一个玩具，这一回合暂告一段落。

## 第二章 婴儿观察

　　小小哼哼了两声，小小妈妈就开始给她喂水，与此同时，洋洋妈妈也开始给洋洋喂水。洋洋喝水时眼睛一直注视着小小。喝完水后，宝宝们又开始新一轮的游戏了。这时，那只黄色的大螃蟹吸引了洋洋的注意，螃蟹就在小小的旁边，小小用手去抓，洋洋想爬过去，在洋洋爬到小小面前的时候，小小的头伸到洋洋的头边上，用嘴舔了舔洋洋的头，舔了一下之后坐正身体，然后又探过身子舔了第二下。在舔第一下的时候，洋洋只顾着用手去摸那只大螃蟹，当开始舔第二下的时候，洋洋回头去看小小，小小开始舔第三下。舔完后小小还咂巴了儿下嘴，大家都笑了。洋洋回头看小小的时候"啊啊"了两下，然后就继续玩那只螃蟹了。洋洋用一只手指去抠那个正在旋转的小转盘，小小也用手指去碰同一个地方。洋洋琢磨了一会儿，回头找妈妈，在妈妈怀里待了一下又回过头开始玩了。保姆拿了一个充气的大锤子给洋洋玩，洋洋开始握着锤柄在空中挥舞锤子，挥两下就用锤子拍地或其他玩具。这时，小小开始往洋洋这边移动，她想伸手去拿锤子，不过洋洋力气很大，小小根本拿不过来，试了两三次，洋洋都能把锤子从她手里弄回去。还有两次洋洋竟然用锤子拍到了小小的脸，不过力气不是很大，小小也没有什么反应，就是眨了一下眼睛。两位妈妈看着两个宝宝，开心地笑着。没拿到锤子，小小又开始玩她的跳跳虎汽车了。洋洋玩了会儿锤子，觉得没意思了，开始转脑袋寻找其他玩具。

　　在这段游戏材料中，洋洋和小小仿佛一直处于一种同步状态。他们两个人通过"啃汽车""喝水""抠螃蟹""抢锤子"等一系列活动进行交流，建立关系。游戏给他们提供了一个互相交流、互相影响的空间。"你玩什么，我也玩什么，这样我们就可以在一起了。"在日常生活中，大人们会将小朋友们的这种行为理解为竞争，认为他们是在抢夺东西，或者是在模仿。但我们需要关注到这一过程中两个婴儿之间的关系和交流，这是他们建立关系的一种方式。我们往往可以看到这样一种现象，当两个小婴儿在一起"争"某个玩具时，如果大人及时制止，拿到玩具的婴儿自己玩一会儿之后很快就会扔掉，为什么？因为他不只是要玩具，而且要跟伙伴在一起，你抢我夺的过程才是游戏的核心内容。就像我们在上面的材料中看到的一样，在小小没有再跟洋洋"争夺"充气锤子后，洋洋很快便兴趣索然，不再玩了，而是找了另一个跟小小类似的汽车来玩。

在游戏中，两个小伙伴通过他们的身体、表情、动作、眼神或咿咿呀呀的语言进行着互动，他们的友谊就在这样的一个空间中慢慢地建立起来。在这个空间中，他们开始慢慢试探，慢慢学习如何与其他小伙伴相处。试想，如果我们看着两个小婴儿在那里自由地玩耍，无论他们怎样互动和交流，我们都不去参与或干涉，那么会出现怎样的场景呢？也许我们会担心不加干预，孩子们很可能会因抢夺哭起来，或者没法继续玩耍了。其实，他们因抢夺而哭泣时，正是他们学习和适应的最佳时机。在游戏中，他们可以体验因自己的行为而带来的情绪感受，这部分体验是他们学习如何与人相处的宝贵经验。

## 从幻想到现实的过渡空间

游戏与现实是怎样的关系？温尼科特认为，游戏发生在过渡空间中，而过渡空间是现实与想象之间的缓冲区，它是一个孩子所拥有的空间，它处在原始的创造性和基于现实体验的客观知觉之间。在游戏中，孩子可以从主观的幻想状态过渡到一个幻想的游戏中，游戏活动既保持了他的全能感，又使他考虑到现实的存在并利用它。这样的体验对孩子逐渐走出自己的幻想，并接受现实非常有益。

### 第23个月

送水的师傅敲门来送水了，洋洋走到门口，拿起了一个黄色的大卡车和彩色的翻斗车，边玩边看妈妈跟送水师傅的交流。妈妈把水桶放在了门口，宝宝站起来想去拖水桶，不过没有拖动，洋洋说："洋洋搬不动。"妈妈说："是啊，你现在还小，力气没那么大，等你长大了再搬吧。"洋洋站在水桶旁，又重复了一遍："洋洋搬不动。"妈妈走到水桶旁，把水桶拖到了饮水机旁。洋洋也跟着妈妈过来了，他看着妈妈把水桶换上去，妈妈说："你快点长大吧，长大了就可以干活了。"这时，洋洋拿着自己的黄色大卡车，放到沙发上来回推着玩。我坐在旁边的单人沙发上看他，他时不时回头看我，还跟我解释说他在割草，这是割草机。他推到扶手上时说："上来了。"从扶手上推下去后又说："下来了。"妈妈说洋洋在小区里特别爱看工人弄割草机，一看就是一上午。洋洋就这样玩了好长时间，反反复复，一点儿也不嫌烦。后来妈妈也坐到沙发这边，问洋洋去不去尿尿，尿完再玩。洋洋说不尿，要玩割草机。妈妈说小孩有时宁愿憋着尿也要玩。洋洋回头朝我俩说："太吵了。"妈妈笑着说："好，我不说了，你自己玩吧，不打扰你了。"妈妈又回到餐桌旁喝茶了。妈妈说："他现在已经能自己玩好一会儿了，一般他不找我说话我就不跟他说，他想跟我说话时我才跟他说。"

随着婴儿自身的发展，其游戏内容与现实的关系越来越紧密。照料者往往会给婴儿买很多玩具，但又会发现他对日常生活用品的兴趣远远高于专门为他而存在的玩具。妈妈的梳子、爸爸的眼镜、爷爷的烟斗或奶奶的扇子，等等，任何东西都有可能变成他爱不释手的玩具。除了这些，他还会很愿意模仿大人的活动。在上面的材料中，可以看到洋洋会模仿妈妈搬水桶，或模仿工人叔叔割草。这样的游戏中有很多现实的元素，但这些元素又都经过洋洋的加工而存在。洋洋手中的黄色大卡车被象征成他喜欢的割草机。在现实生活中，即使他很喜欢这样的活动，考虑到安全问题，基本也是不会被允许的。面对这样的限制，孩子难免会感到失望或沮丧，同时内心又充满了好奇和渴望，那么该怎么办呢？于是他通过在游戏中运用自己的幻想，将现实注入其中，来完成自己内心的愿望。

游戏这个过渡空间还承载着另一项重要的功能——以一种可接受的方式表达攻击性。温尼科特认为，孩子很珍惜可以在熟悉的环境里表达恨意或攻击性的机会，尤其是通过那些比较容易接受的形式来表达。游戏就具备这样的特性，孩子可以在游戏中毫无负担地表现出他破坏的一面，而不必担心受到惩罚。

## 第11个月

　　我在餐桌旁坐下，洋洋手里一直拿着玩具玩，偶尔扭过头来看看我，没有什么表情，看上去懒洋洋的。保姆开始喂他蒸山药吃，洋洋张开嘴吃了第一口，然后脸上有了表情，眼睛眯起来，嘴巴一动一动，让我联想到我们吃酸的东西时的表情，吃第二口的时候好一些，但感觉洋洋不太喜欢吃这个东西。大概喂了五六勺的样子，洋洋又出现了刚才那个难受的表情，这次的时间更长，而且嘴一张一张。就在保姆打算喂下一勺的时候，洋洋把刚才吃的都吐了出来，保姆赶紧起身拿了一张纸巾给洋洋擦嘴，擦完嘴，保姆打算继续喂，这次洋洋扭过头。喂山药的过程有些磕磕绊绊，但最后洋洋还是都吃完了。保姆起身去厨房，然后又去洗手间，这个过程中就我跟洋洋两个人在客厅。洋洋很悠闲地坐在推车里，手里拿了个金龟子形状的玩具，看着看着就用嘴去啃，啃得很用力，啃的时候还偶尔看看我，我朝他笑笑，他继续啃，啃了很长时间。保姆从洗手间出来，拿了个球形海绵给他擦脸。洋洋好像也不太喜欢擦脸，在躲闪和挣扎中终于擦完了脸。保姆又回到洗手间，这时，洋洋开始玩别的玩具了，用手拿着一个橡胶锤子敲打推车的挡板，敲了几下就把锤子扔到了地上。洋洋探着脑袋，歪着身子朝地上看，我怕他动作太大会掉下去，就把锤子捡了起来给他放到推车上。洋洋又拿起来敲了几下扔到了另一侧的地上，我又捡了起来，这次洋洋没有继续玩这个玩具，而是开始拿另一个玩具玩。

在这段材料中，洋洋在完成"吃山药"和"擦脸"这两个不太喜欢的活动后，开始用力啃东西、敲挡板、扔玩具。当我看到他这样玩的时候，感受到了这个小家伙的"攻击性"。无论孩子还是大人，都不喜欢被强迫做自己不喜欢的事情，即使这些事情是有益处的。洋洋不喜欢吃山药，也不喜欢擦脸，此时的他没有办法抗争，只能在抗议中妥协。从他的行为动作中可以看出他有些小情绪。于是在保姆离开的间隙，他用力啃东西、敲挡板、扔玩具，仿佛要把刚刚的不快都发泄出去。通过这种方式，他得以适当地释放自己的攻击性，但同时他还知道不会受到环境的惩罚，也不会破坏他跟照料者之间的关系。

　　谈到攻击性，大部分父母可能会很担心，觉得这是一个不好的东西，担心孩子会因此成为一个坏孩子。在这里，我想强调的是，攻击性是我们人格的一部分，我们需要接受它的存在，允许孩子在可接受的范围内去表达。如果孩子在游戏中以破坏的方式玩玩具，或在跟照料者的游戏互动中通过肢体或语言表达攻击性，如果家长可以接纳孩子的这个部分，允许他表达，不去惩罚，这也许会是孩子成长的一个机会。

　　游戏的可贵之处就在于孩子可以在游戏中通过一种"安全的"、可接受的方式来满足自己的愿望，尤其是那些不被现实世界接纳的愿望。在游戏中，他们可以放心地去创造，不需要担心现实的约束或惩罚。在材料中，我们可以看到洋洋对自己的领土何其看重，他对游戏的过渡空间有绝对的掌控权，虽然他知道这些不是现实，但他看待游戏的态度是非常认真的，这片"领土"是神圣不可侵犯的，同时，他也能在这个属于自己的空间中体验到独处的能力。

## 讨论

以上我们讨论了游戏的存在形式以及它的功能。既然它有这么多重要的功能，是否意味着养育者需要在这个过程中进行一些人为的干预以使它的功能得到最大化的发挥呢？如果我们这样想，恰恰就与游戏的真谛背道而驰了。游戏的本质是一个创造性的活动，是由孩子自发创造出来的，每一个孩子的游戏世界和自身的体验都是独一无二的，在我们希望游戏发挥它的积极功能之前，首先必须尊重孩子游戏的权利。

我们认识到，游戏的价值在于帮助我们更好地理解孩子，协助孩子去发展自己的创造力。那么我们应该怎样做呢？首先，游戏为父母、专业人士理解孩子提供了一个非常有效的途径，我们可以通过游戏试着理解孩子的内心世界，体会孩子正在经历怎样的心路历程，在理解的基础上为孩子提供他所需要的帮助和支持；其次，我们需要尊重孩子自主游戏的权利，提供更多的空间，让孩子发挥自己的想象力和创造力。在我们给孩子提供了一个足够好的空间和环境后，孩子会利用自己的想象和创造力发展出属于他自己的游戏活动，照料者可以提供支持，但无须干涉。当孩子邀请我们一起游戏时，他是在邀请我们进入他的世界，我们可以暂且放下固有的思维和想法，带着好奇和欣赏的眼光去体会他的游戏世界，我们的这种态度对孩子来说才是最重要的。

最后，借用温尼科特的一句话来让我们再一次感受游戏的魅力所在："在游戏中，可能只有在游戏中，儿童或成人才能自由地创造。"（温尼科特，2009）真诚地希望越来越多的孩子可以在游戏中创造出属于自己的世界和未来。

## 参考文献

贝里·布雷泽尔顿，乔舒亚·斯帕罗. 儿童敏感期全书（0～3岁）. 严艺家，译. 海口：南海出版公司，2014：30-40.

王国芳，吕英军. 客体关系理论的创建与发展：克莱因和拜昂研究. 福州：福建教育出版社，2011，158.

唐纳德·W. 温尼科特. 游戏与现实. 朱恩伶，译. 台北：心灵工坊，2009：79，99.

唐纳德·W. 温尼科特. 给妈妈的贴心书：孩子、家庭和外面的世界. 朱恩伶，译. 台北：心灵工坊，2009，139.

郗浩丽. 客体关系理论的转向：温尼科特研究. 福州：福建教育出版，2008，158.

Freud, S (1920). *Beyond the Pleasure Principle*. The Standard Edition of the Complete Psychological Works of Sigmund Freud, Volume XVIII (1920-1922): Beyond the Pleasure Principle, Group Psychology and Other Works, 1-64.

# 与母亲分离后婴儿的行为变化

胡 斌

在人的成长过程中,分离是一个绕不开的话题,大到生死离别,小到人生不同发展阶段的转型,以及关系中的分分合合,分离与成长如影随形。面对丧失能够表达出哀伤是个体成长与成熟的表现。在实际工作中,我们常常会遇到这样一些来访者,他们在面对或大或小的丧失时,由于没能顺利地完成哀伤与哀悼的过程而罹患心理疾病。

一个人最早的分离来源于同母亲的分离。对一个小婴儿来说,哪怕母亲只是暂时离开,他也会感到母亲不再回来了。要完成这样一个同母亲分离的过程,小婴儿要经过一个复杂而"漫长"的哀悼的过程。

在玛格丽特·马勒(Margaret Mahler)看来,人类的人格发展开始于同母亲之间心理的融合,然后慢慢进展到与母亲相分离的心理状态,只有从这种状态中摆脱出来,建立起亲密的关系,才能真正获得自我。马勒的理论的落脚点在于说明心理诞生的过程,心理诞生是指婴儿借由同母亲的分离与个体化而成为独立个体的过程,这不是一个一蹴而就的过程,要经历分离个体化的准备期、分化期、实践期与和解期。对婴儿来说,这并不是一件容易的事情,它会产生分离焦虑及各种分离行为与分离反应(郭本禹,2011)。

鲍尔比在 1960 年发表的一篇论文《婴儿期和儿童早期的哀

伤与哀悼》(Grief and Mourning in Infancy and Early Childhood)中谈到，母婴联结是天性所为，是遗传的一部分，由此才会有依恋的产生。随着婴儿的长大，母婴分离在所难免。这时，小小的婴儿要如何应对接下来的一系列的成长难题呢？鲍尔比在此有一个"预适应"的说法，他认为，经过上亿年以生存为目的的自然选择的雕琢，本能对人类环境具有预适应性（米切尔、布莱克，2007）。有了这个预适应性，婴儿就会在同母亲尚有好的母婴联结时，去发展相应的能力以应对母亲真的同自己分离时的难题。此外，在这篇论文中，鲍尔比特别谈到，婴儿在同母亲分离过程中发展出的分离模式是抗议－绝望－分离，同时，这也是他成人后在进行哀悼时所要经历的三个阶段。鲍尔比把这个情感过程比作"伤口愈合"这样一个痛苦却必须经历的过程。在整个童年时期，哀悼能力的成熟会因一个持续稳定的依恋体而得到加强。这里的第一个时期是抗议阶段，它是由分离焦虑引起的。对同母亲共生一体的婴儿来说，分离焦虑是发展中的一个必然结果。为了应对这个分离焦虑，婴儿会有诸多的反应与行为表现，对此，在更早期，弗洛伊德及克莱茵在对婴儿进行观察的研究中均有陈述。

弗洛伊德观察了一个18个月大的男婴玩缠线板的游戏。婴儿拿着一个上面缠着线的木线轴，他抓住线轴上的线绳，相当熟练地把线轴扔过他的盖着毯子的小摇床的床沿，这样，线轴被扔进摇床里不见了，同时，他发出"哦……嗬"（走开）的声音。然后他用线绳把线轴从摇床里拉出来，并对线轴的再次出现发出一声"嗒"（出来了）的欢呼声……这是一个完整的游戏，是消失和再现。由此，弗洛伊德得出这样一个观点：婴儿害怕失去母亲的恐惧使他们感到与母亲分离（即使是短暂的）是痛苦的，为了应对这个痛苦，小男孩发展出了这个游戏。同样地，对不同的婴儿来说，为了应对母亲不在身边时的痛苦，各种游戏相应出现，这些游戏提供的既是表达这种焦虑的方式，也是克服这些焦虑的方法（Freud, 1920）。

儿童的一些看似单调的重复行为，实则是在表达一种原始而丰富的情感。针对婴儿的重复行为的现象，克莱茵在《论婴儿行为观察》（On Observing the Behavior of Young Infants）（1952）一文中提出了她关于婴儿期哀悼的观点。克莱茵认为，这种经验的"重复"是帮助婴儿克服其丧失与哀伤感觉的重要因素。并且，克莱茵进一步认为，婴儿的这种对外部世界的反复经验成为其克服迫害焦虑与抑郁焦虑的重要方式，婴儿通过失而复得的"现实检验"的过程，不断体验失去和复得的感觉，完成了所谓的哀悼工作的一部分。

当代客体关系心理学家戴维·沙夫（David Scharff）在谈到有关婴儿期哀悼的话题时表示，"分离个体化的过程也能够体现婴儿对持续或频繁失去母亲的第一反应。母亲长时间的离去会导致婴儿的绝望。如果分离行为一直持续，那么，婴儿不仅会产生与母亲的分离，也会产生与客体的分离"（戴维·沙夫, 2009）。

谈到哀悼的话题，人们不禁要问，何为哀悼？关于这个问题的答案，让我们试着从弗洛伊德的经典文章《哀伤与抑郁》（Mourning and Melancholia）（1917）中一探究竟。在这篇文章中，弗洛伊德指出，"哀伤通常为对某个亲密的人的丧失所产生的反应"。笔者以为，这里所说的丧失涵盖面很广，大到亲朋好友的离世，小到生活中的各种分离，它是一段关系的暂时或永久的中断。对婴儿来说，母亲的暂时离开，也是一种分离，婴儿对此也会有很强烈的丧失反应。弗洛伊德在此谈到，哀伤虽然痛苦，但这种痛苦是必需的，并且哀伤是有功能的。哀伤的功能就是使个体通过不断反复地在现实与想象中间转换，逐渐将以往的相关心理能量拔出，使自我在这样的哀伤形式下发泄后又重归自由和解脱。如此看来，正常的哀伤可以承受客体的丧失并能够收回投注到丧失客体的全部能量，以更好地适应现实。

关于何为哀悼过程的问题，韦雷娜·卡斯特（Verena Kast，2003）指出，我们失去了某种对我们很有价值的东西。当我们沉湎于悲痛，开始哀悼时，我们要处理我们所失去的，让我们从哀伤中摆脱出来，重新思考我们自身，并尽可能多地将失去的有价值的东西保存在我们的记忆里。由此看来，哀悼是人一生注定要经历的过程，是从胎儿脱离母体呱呱坠地到生命终结，贯穿一生的过程。那么，在生命早期，哀伤是用一种怎样的经济手段来完成这个过程的呢？小小的婴儿在这个过程中又是如何反应与适应的呢？让我们从一个婴儿观察材料中去窥见一斑。

## 婴儿观察材料

婴儿乐乐是一对年轻夫妻的第二个孩子，他是个男孩，有一个比他大4岁的姐姐。乐乐出生后，先是由专职的月嫂照顾，之

## 第二章　婴儿观察

后，先后由姨姥姥和奶奶照顾。从乐乐出生到 1 岁半的这段时间里，妈妈基本上都在他身边，只是在他将近 1 岁半时，他被送到了奶奶家，由爷爷奶奶照顾，而爸爸妈妈则是不定期地来看望他。在乐乐出生后不久，因为妈妈乳腺发炎，他无法顺利地吃到母乳，从月子里开始就是母乳和牛奶混合喂养。他的食量很大，与同龄的婴儿相比，他的吸奶量要大些，妈妈戏称他为"大胃王"。在第 16 天的观察中，我发现他的脸上长了一些湿疹，并且这之后一直不见好。由于反复抓挠，他的脸颊上结了一层厚厚的痂。这期间，他的湿疹也成了全家人的心病和关注的重点。直到 6 个月大时，才渐渐消散。但在七八个月大时，乐乐又表现出皮肤上的问题，局部出现风团样的荨麻疹，同时伴有对某些特定食物的过敏，之后也还会时不时地出现红疹子。

从婴儿出现湿疹开始，到七八个月大时再次出现皮肤问题，我发现存在一个共性的现象，即每当妈妈或照料者的情绪状态不稳定，或妈妈暂时离开，都会使婴儿的皮肤问题显现出来或者加重。在他五六个月大时，妈妈有更多的时间陪伴他，照顾他，跟他玩。然后在一个很短的时间里，湿疹神奇地消失得无影无踪。之后，由于现实的原因，妈妈需要去打理自己的事务。随着妈妈的频繁外出，乐乐开始出现新的皮肤问题。婴儿湿疹是一个很复杂的问题，存在多方面的因素，但从母婴互动的方面来看，婴儿似乎是在用皮肤来言说妈妈的离开带给他的不适以及对妈妈陪伴自己的渴望。

在乐乐 6 个月大时的一次观察中，我看到乐乐坐在小推车里玩。奶奶把一些小玩具放在小推车前的托板上。乐乐玩着玩着，无意中将玩具掉到了地上，奶奶捡起来递给他。过了一会儿，玩具又掉了下去，奶奶再捡起来。随后，我发现婴儿似乎发现了什么，他不再玩玩具，而是对"把玩具丢到地上"这个动作更感兴趣。他用力地把玩具丢下去，奶奶捡起来给他，他再丢下去，奶奶再捡，他再丢……不厌其烦地反复玩着这个丢与捡的游戏。

  在随后的一次观察中，妈妈用小手帕逗他玩，无意中手帕遮住了他的脸，当把手帕移开时，他看到了妈妈，"啊、啊……"兴奋地大声叫了起来。妈妈似乎明白了，这是宝宝想和她玩躲猫猫游戏，于是用手遮住脸，拿开手时，逗得宝宝开心地大笑。自那时起，直到乐乐 20 个月大，在这期间的观察里，我时常看到乐乐对躲猫猫游戏情有独钟，他先是跟妈妈玩，然后是对着镜子跟自己玩，学会走路后就跟家里其他人玩。在 16 个月大时离开妈妈的日子里，爷爷和叔叔成了他的躲猫猫游戏中的伙伴，他不是躲到衣柜里，就是躲到窗帘的后面，用窗帘把自己裹起来，等着他们来找他。被找到后，他就兴奋不已，咯咯地笑着再去躲，乐此不疲。

  躲猫猫是大多数孩子爱玩的游戏。在大人们看来，它或许只是孩子们无聊的小把戏，但对孩子们来说，这种小把戏对个体的成长至关重要。这其中的部分原因或许正如克莱茵所说：这种经验的"重复"是帮助婴儿克服其丧失与哀伤感觉的重要因素。在这种不断地体验失去又得到的过程中，婴儿开始做好准备，尝试着同妈妈分离了，这是一个既痛苦无奈却又必需的过程，同时也是一个自然的进程。

  我的每一次离开对婴儿来说也是一次分离。每次结束时，我都会和他说再见，然后离开。不同时期，他会有不同的表现。6 个

| 第二章　婴儿观察 |

多月大时，他的眼睛会追随我的身影直到房门关上，有时随着房门的关上，还会听到他的哭声。10个多月大时，他会模仿他人挥挥手以示再见。15个月大时，他有了更多的自主性，面对我的离开，他先是从喉咙里发出低沉的"嗯、嗯"的吼声以示抗议，之后意识到我的离开是个必然，也会学习挥手说"拜拜"，甚至会"飞吻"以示愉快地道别。我一次次地离开，又一次次地回来，也在与婴儿一道完成分离中的适应和哀悼过程。

　　随着婴儿的长大，他开始了牙牙学语，开始了学步，开始有了更多自主的表达，也开始出现了同妈妈拉开距离的现实而主动的表现。尤其是从可以独自迈步行走开始，世界在他面前变得更加广阔。在渐渐挣脱母婴一体的过程中，可以看到他既兴奋、欣喜，同时又表现出哀伤、抑郁的神情，呈现出极为丰富的行为表达与情感反应。以下材料特别呈现了乐乐在学步期的16个月至20个月之间的一些观察片段。

　　**16个月大的观察**：这是我第一次看到乐乐在家里自如地走动。他看着我，"啊哦、啊哦"地叫着，小脸红扑扑的，有些兴奋的样子……他满屋子走来走去，从客厅到厨房，又从厨房到阳台，再到房间，来来回回地走，还摸摸这摸摸那的。这样一个熟悉的地方，对他来说，今天看上去是那样的新鲜，对每一处都充满了好奇……随后，他向我走来，同时向我伸出一只小手，嘴里发出"嗯、嗯、嗯"的声音，像在对我发出邀请。在他的盛情邀约下，我把手伸给了他。他一把抓住我的手指，牵着我从一个房间走到另一个房间，像在带着我参观一样，无比兴奋……此时，妈妈正坐在客厅的餐桌旁看她的电脑。在他经过房间过道那里时，不经意地喊了声"妈妈"，妈妈没有起身，回应了他一声："妈妈在这儿，宝宝。"过了一会儿，他嗯哼着走到妈妈坐的椅子边，然后就势一倒，趴在了妈妈的脚下。妈妈把他抱起来，放到地上，让他再去玩，他就只在妈妈的周围跑来跑去……之后，他走到穿衣镜前，看着镜中的自己，高兴得大声"啊、啊"叫着，还用小手拍打着镜中的自己，然后又用头去抵镜中自己的头，咯咯地笑着……

这是一次对乐乐独立行走的十分有趣的观察。对同母亲共生一体的婴儿来说，学会走路是意义非凡的。它意味着他从此可以挣脱妈妈的怀抱，开始真正意义上的与妈妈的分离，独自迈步去探索周围的世界。与躺在妈妈怀里不同，此时，世界在他面前有了一个立体的展现，一切都是那么的新鲜与不同，这让他感到兴奋不已，尤其是对镜子中的自己的发现，让他颇为欣喜。他看看自己，再看看周围的人，开始有了自我与他人的区分，有了"我"的意识。他以兴奋探索的方式开始尝试打破母婴共生的联结，开始同妈妈拉开距离，他会在较平时更远的距离去感觉和发现妈妈的存在。然而在这个过程中又伴随着短暂的分离焦虑，需要时不时地回来找妈妈，回到妈妈的身边，以求情绪的"再充电"，而后才能再去探索。

17个月大的观察：爸爸抱着乐乐走过来，只见他正咧着嘴大声哭着。他的小脸红红的，像看陌生人一样，用有些哀伤的眼神看着我，继续他的哭泣，他哭得伤心又任性。爸爸说乐乐这两天又拉又吐，可能是感冒了。我没有看到一直照顾他的姨姥姥，爸爸说她前些天离开这里回家了，不再来了。此时，妈妈正在厨房忙活着，乐乐哭着要妈妈，哭声越来越急促，还有些抽搐。爸爸无奈，只得把他抱到厨房去找妈妈……之后，他吃了早餐，不再黏着要妈妈，但神情和行为都显得不同以往，有些迟钝和抑郁的样子，连说话的声音都是小小的、细细的。以往活泼爱动的他是怎么了？看他那哀伤和抑郁的神态，会不会跟姨姥姥的离开有关呢？……之后，他将姐姐的彩色笔拿出来玩，他打开笔套，有气无力地随意画两笔就盖上盖子，然后再拿另一支笔，打开，画两笔，再套上，继续拿下一支，如此反复着。

在这个观察中，乐乐面临他的第一个实质性的分离——长期照顾他的姨姥姥离开了。姨姥姥的离开似乎引发了婴儿的思念与哀伤，他感冒了，连着几夜睡不安稳，夜哭。我见到他时，他表现出哀伤的神情，并且"粘"在爸爸的身上不愿下来，哭喊着要妈妈，表现出更多的依附行为，即使玩游戏也是一副无精打采的抑郁神态。单调而机械地重复玩笔帽拔出与盖上的游戏，使离开的笔帽一再地回到笔杆上成为一个整体，这似乎表达了他内心的一个渴望，渴望姨姥姥能够回来。这种反应或许就是马勒所说的"婴儿依恋性抑郁的缩影"（郭本禹，2011）。婴儿在照料者离开时也会有类似成人的哀伤及抑郁的表现，他需要母亲来帮助他维持"自体的理想状态"（郭本禹，2011），它是婴儿在克服分离焦虑中所表现出的一个较为典型与常见的状态，表达了对依恋对象离开后的伤心难过及共生渴望。

**18个月大的观察**：这时，乐乐被送到奶奶家，这是他第一次长时间地同妈妈分开。在这里，他像个野小子，表现出更多的破坏性：抓爷爷的眼镜，三两下就把爷爷的眼镜折断了；抢爷爷的手机玩，任意地拨打电话，顽皮得很。这和在妈妈身边时判若两人，他显得躁动不安且带有攻击性……在紧接下来的另一次观察中，我看到，乐乐似乎渐渐适应了妈妈不在身边的日子，有了更多的活力与探索的行为：不厌其烦地玩叔叔的香烟，让香烟消失在床底下，然后又把它拿出来，并且又玩起了躲猫猫游戏。

在这两次的观察中，我们可以看到，婴儿与母亲的分离并不必然以难过和哭泣来表达。乐乐首先表现出了更多的攻击性与破坏性，然后再次开始玩消失与再现的游戏，让香烟失而复得。通过这些看似单调无聊的游戏缓解与妈妈的分离之痛，象征性地表达出对妈妈不在身边的焦虑和希望妈妈回到自己身边的渴望，同时，将对妈妈的依恋渐渐转移到新的环境与新的依恋对象（叔叔）上去。

**19个月大的观察**：之前，乐乐被妈妈接回家小住了几天，然后又被送到了奶奶家，再一次经历了同妈妈的分离。在我进屋后不久，他小手灵巧地按开了音乐播放器的按钮，立即随着音乐扭动起来，开始了一个人的舞蹈，兴奋地跳着，跳得小脸红通通的。当他跳到电视前面时，无意中从电视屏幕前看到了自己的身影，

| 第二章　婴儿观察 |

于是对着电视屏幕扭动着,像在对着镜子跳,偶尔平伸出小手,发出一声"嗨"的大吼……他开心地跳了至少5分钟,在场的人都真切地感受到了兴奋和开心。接下来,他又开始转圈,慢慢地、小心地、默默地转着,边转边低着头,像在体会着什么……就这样转了一会儿,然后他跑到爷爷身边,要拿爷爷的手机。爷爷给了他一个像遥控器一样的东西,他就拿着这个"小遥控器"玩,把它贴到耳边说"喂、喂",就像在和谁通话一样。他小小的身板微微佝偻着,伴着"打电话"时的投入和认真的神情,透着孤独与忧伤的气质。他一边"听"电话,一边在屋子里走来走去,还煞有介事地叽里咕噜说着什么,从客厅走到房间,从一个房间出来又走进另一个房间,偶尔会听到"爸爸"什么的,走到厨房门口时,又清楚地叫了一声"妈妈"……

在这次的观察中,乐乐表达了与妈妈分离后的丰富的情绪情感与行为反应。首先是再次表现出学步期母子分离时的兴奋状态,沉浸在自己的舞动的世界里,还把那种兴奋和快乐的感觉传递给了周围的人。这种兴奋,一方面,让他自己,也让所有的人看到,在妈妈离开的时候他依然很好、很快乐;另一方面,也让我们隐隐感到在那个小身板里面的某种忧伤的孤独感。

此外,乐乐投入地转圈,似乎在用转圈的方式在家里划出一个安全界限,那个圆圈里面的才是他的领地,在那里,他是安全的。

手机对他来说并不是一个偶然的出现。在他更小的时候,他就表现出了对手机的喜爱。而在离开妈妈的日子里,这个物件似乎才有了真正存在的意义。在这里,它既是一个替代物,也是一个象征物。他拿着"手机"投入地说着旁人听不懂的语言，他在与他心中的爸爸妈妈对话吗？他似乎有了一个内在的"爸爸妈妈"，他在与他们联结，同他们说话。如果说，他在地上转圈是为了给自己划一个外在的空间，那么，打电话就是为自己创造一个内在的空间，在这个空间里，他可以自由地表达与展现。有了这个电话，他似乎不再孤单，他重新拥有了一个重要的伙伴。在随后的两次观察中，我都可以看到他用手机与"某个人"说话。每次打完电话后，他都会心满意足地放下电话，然后很兴奋地在房间里跑来跑去。

从这里可以看到，乐乐在经历了与妈妈的再次分离后，开始渐渐地进入一个既让他感到痛苦，但同时又是一个在对分离的绝望中接纳与适应的重要时期。在这个时期，婴儿会玩许多五花八门的游戏，会在游戏中用一些象征物来表达内心的兴奋、不满、哀伤以及对同母亲联结的渴望。这些游戏都是婴儿自己的创造，是属于他自己的东西和空间，有他自己所赋予的意义，旁人未必能懂，比如，在这里所看到的乐乐打电话的场景，他煞有介事地打电话，同电话里的"人"对话。这大约就是温尼科特所说的婴儿对过渡客体的使用以及过渡现象的出现。那么，何为过渡客体？何为过渡现象呢？

过渡客体与过渡现象的说法最初是由温尼科特（2009）提出的。过渡客体作为一种象征物出现在母婴分离的过程中，在婴儿眼中，它被视作母亲的一个部分，但这个替代部分又完全处于婴儿的掌控之下。它不同于母亲本人，因为母亲在婴儿需要她的时候有可能会离开他。它也代表了同母亲联结一体的这种体验的缺失。它是婴儿的一种装备，婴儿去任何地方都会带着它、抱住它、吮吸它，如毛绒玩具、橡皮奶头或婴儿选择的任何东西等。而过渡现象比过渡客体要来得更早一些，早在婴儿五六个月大时就开始出现了。它产生于母婴之间的潜在空间距离，随着分离的持续，这段空间距离也在扩展。温尼科特把婴儿与客体之间的这段距离称为"文化体验的所在"（the location of cultural experience）（2009），他认为，所有的创造力都产生于这段距离中的依恋和分离的张力。过渡客体与过渡现象对婴儿心理成长与成熟的意义在于，在他不得不面对母婴分离这个痛苦的现实之前，有一个缓冲的空间，以更好地适应和接纳现实。

对乐乐来说，电话就是这样一个可以由他控制的过渡客体，甚至他在打电话时说的咕哝不清咿咿呀呀的词语也是如此。只要他愿意，他随时都可以进入一个打电话的游戏空间。这个空间是他的创造，为他所独有，在那里，他可以自由发挥，自在地同任何人对话，先是爸爸妈妈，后来可以是叔叔和姑妈。对婴儿来说，这不只是一个游戏，也是学习运用象征能力的开始。

**19个月大时的另一次观察**：这次，乐乐见到我来，高兴地在客厅里跑来跑去，还大声地叽里咕噜地叫着，显得很兴奋的样子。然后他拿着一片叶子到我跟前，用叶子扫我的手，我一时不明白他这是在干什么。这时，乐乐看到了我胳膊上被蚊子咬的几个小红疙瘩，于是，他先用手指着这个小疙瘩，然后用这片叶子的尖尖在上面轻轻扫着，嘴里还叽里咕噜地说着别人听不懂的话。这时，我突然想起奶奶平时经常用芦荟叶子给他擦皮肤，于是对他说："你是在给我擦芦荟吗？"他立刻回答："芦荟。"然后他又用叶子尖尖轻轻地戳着我的手心……

在这次观察中，乐乐效仿奶奶为观察员擦"芦荟"，可能流露出了他在同妈妈分离过程中的内疚的情感。或许小小的他不明白妈妈为什么会离开，会不要他。在经历了最初的愤怒、伤心与难过之后，让人更加难以忍受的内疚与自责就会来临。他认为也许是自己不好，伤害了妈妈，才导致妈妈离开了他。早期发展顺利的婴儿，这时就会产生修复关系的愿望，他希望修复与妈妈的关系，让妈妈回到自己的身边。如果是这样，那么为我擦"芦荟"或许就是这一潜意识愿望的外在表达，同时也在一定程度上表明了他内在整合的趋向。

20个月大的观察：当天，乐乐与妈妈有一个短暂相见后的分离。看到我时，乐乐显得有些木然、陌生，没什么反应，见到相熟的人，也是一脸的木然。在玩他平时很喜欢的摇摇车时，也没有往常的兴奋与开心，有些怏怏的……坐在摇摇车里摇了一会儿，看到身旁的安全带，就拿起它，两边对插了几次，把安全带绑上了……一支曲子过后，音乐停止了，车也停止了摇动。他向爷爷挥着手，爷爷给了他一枚一元的硬币……摇摇车再次摇动起来，爷爷到一旁接电话去了，他的目光随着爷爷的走动，移动着、追随着爷爷。之后，爷爷去换硬币，他也一直盯着，像怕爷爷不见了一样。玩过了摇摇车后，他下地径直跑向旁边的一个小副食商店。小店里有三四排货架。他进了店后就向货架后面跑，一会儿

## 第二章 婴儿观察

就不见了,爷爷知道他这是要玩躲猫猫,于是就去找他。他一看到爷爷,就兴奋得不行,激动又慌忙地转头跑不见了……这之后,来到小区外,他推着自己的小推车走在步道上。过一个小坎坡时,他发现只要把小车向前一推,小车自己就可以下坡,他再次变得兴奋起来,在那个地方玩了很久不愿离开。每当他把小车向前用力一推,小车借助惯性自己滑下去时,他就高兴地大叫"啊咿嚼",然后也跑下小坎坡,兴奋不已……

在这次的观察中,乐乐在刚刚经历了同妈妈的分离后,一方面表现出行为抑制和无精打采的状态,见到我时,产生了类似的"陌生人反应";另一方面却对爷爷表现出更多的依恋行为。当他懒洋洋地为自己绑上安全带时,似乎才让自己回过"神"来,仿佛这个安全带将他那散乱的思绪聚拢了回来一样。此刻,这个安全带就像妈妈的怀抱,抱持住了他。这时,爷爷与他的默契配合也给他提供了一个很好的外在环境的补偿,同爷爷玩的躲猫猫游戏让他回到了现实。当发现小推车在他的"操纵"下可以滑下小坎坡时,他似乎获得了某种控制感,为此,他欢呼雀跃,兴奋不已。

接下来的另一次观察中,我发现,随着与妈妈分离的日子越来越多,时间越来越长,乐乐似乎适应了这个环境,依恋行为减少了,有了更多的户外探索行为,表现出了对外界事物的新鲜与好奇。心理能量开始大量地向外部环境投入,转移了由分离焦虑带来的不舒服的感觉。

## 讨论

在生命早期的分离经验中，婴儿的哀悼能力是如何发展的？对婴儿的成长又具有怎样的意义？

### 一、婴儿的本能对环境的预适应性

从观察材料中，我们可以看到，随着婴儿的长大，他同妈妈的分离逐渐增多，妈妈不在身边的时间也逐渐增长。尤其在他1岁多被送到奶奶家，同妈妈有了实质性的分离时，乐乐所表现出的具有个体适应性的反应常常使身为观察员的我感叹不已：是什么让一个小婴儿能够从与妈妈的分离中发展出如此丰富的创造与表达以适应妈妈不在身边的日子？

一方面，从生物进化的角度看，它或许可以用鲍尔比所说的"本能对环境具有预适应性"来解释。从前面所展示的观察材料中可以看到乐乐确实表现出了这一点。他在出生不久后就出现的皮肤湿疹可能表达了妈妈不常陪伴时对妈妈的渴望。从6个多月大时开始，他很自然地对消失与再现游戏表现出了强烈的兴趣，发展到后来，演变为对躲猫猫游戏以及与此类似的游戏的喜爱，并且有了更多的自主性。这似乎不完全是一个习得的过程，仿佛也是婴儿的"天性"使然，就好像他早就知道自己与妈妈终需分离似的，通过反复游戏的方式去预演妈妈的离开与再现。从这个视角来看，婴儿的哀悼反应也是一个"预演"，是一个自然的进程，抑或是人类进化的结果。

另一方面，从心理发展的角度看，如克莱茵所言，婴儿在反复玩消失与再现的游戏中体验妈妈不在时的焦虑以及回来时的喜悦，同时应对分离焦虑，以及可能存在的迫害焦虑。那么婴儿在多大时才会有这样的表现呢？以及在怎样的环境下才能得到这个"预演"的机会呢？从观察材料来看，我认为这个时间出现在婴儿6个多月大时，这个时期也恰是克莱茵所说的由偏执－分裂心位进入抑郁心位的时期。提到环境，大家都知道，对良好的母婴环境来说，最主要的是母亲临在的环境，尤其是婴儿出生后的早期。母亲不只是要人在，更要心在，她要常伴婴儿左右，做一个好容器去容纳与镜映她的宝宝。如此，有了一个足够好的母婴联结，才可能为婴儿提供一个适宜的环境，以使其从容地去体验并"预演"母婴分离的发生。否则，母亲过早地持续不在场，有可能会造成母婴联结的断裂，从而带给婴儿实质性的伤害，也为日后的成长带来阻碍。

### 二、婴儿期哀悼模式的建立

鲍尔比在他的论文《婴儿期和儿童早期的哀伤与哀悼》中谈到，婴儿在同母亲分离过程中发展出了一套应对分离的模式：抗议－绝望－分离，这也是他在成人以后进行哀悼时所需经历的三个阶段。

鲍尔比认为，抗议阶段所呈现的主要问题是分离焦虑，是对母亲离开时的抗议反应。从观察材料来看，乐乐在这一阶段的反应大致有以下表现：兴奋、哭闹、生病、陌生人反应、行为迟缓或抑制、退行性依恋行为增加等。

进入绝望阶段也是婴儿逐渐适应与调整的时期，其主要表现是哀伤与哀悼反应。在观察中，大约体现在有更多的攻击性与破坏性，对环境的兴趣增加，户外活动增多，依恋对象向母亲之外的人转移，发展出更多的具有象征意义的游戏，自我控制感增强等。

分离阶段的主要问题是防御反应。这三个阶段的发展依序进行，一个单一的过程会影响到下一个或下两个过程，交错重叠地向前发展。

沙夫在谈到鲍尔比的"抗议－绝望－分离"模式的意义时表示，这一连串早期反应过程的重要性体现在两个方面：一方面，它是一个被动地适应过程；另一方面，它提供了一种模式来发展婴儿对丧失感到悲痛的能力。由此带来下面的思考：这种对丧失感到悲痛的能力之于成长意义何在？

### 三、哀悼能力的发展对个体成长的意义

弗洛伊德在"哀伤与抑郁"中写道："在丧失中，哀悼起了什么样的作用？"他指出，哀悼是艰难而缓慢的，其中涉及一个极其痛苦的、逐步的、内在的舍弃过程。在这个过程中，婴儿在发展哀悼能力的同时，也发展出相应的其他能力，这体现在以下几个方面。

游戏能力——游戏本身就是一种过渡现象，前面谈到这种现象产生于母婴之间的潜在空间距离，也即温尼科特所说的"文化体验轨迹"，在这个空间里，婴儿发展起他的象征能力与创造力。从五六个月大开始，婴儿乐乐通过丢出去捡回来的游戏，不断地

体验妈妈离开又回来，缓解了分离焦虑。之后，随着他的长大，各种游戏不断被他"创造"出来，以应对妈妈不在身边时的分离之苦。随着分离的持续，这段空间的距离也在扩展。婴儿与妈妈之间，以及这之后他和他的每个重要客体之间的不断拉开的距离，总会保留他对原始亲密关系的继承。因此，婴儿时期发展出的这个空间为母婴分离预留了缓冲带，同时也为他日后在长大成人的过程中应对各种分离与丧失提供经验。温尼科特认为，所有的创造力都产生于这段距离中的依恋和分离的张力。在此，一个新的问题是，这个距离有多远，张力有多大才是适宜的，才会有利于儿童创造力的发挥。

抗挫能力——婴儿在分离个体化的过程中会不可避免地遇到挫折，如何应对这些挫折，似乎反映了婴儿自恋机制的运作。对此，后继者在对马勒理论研究的基础上谈到，能够平稳度过实践期的学步儿童，通过自恋来抚平失去客体时的痛苦，他专注于自己掌握的技能并将其运用于探索与实践，练习自我机制并为能与母亲分离而喜悦。相反地，对发展不良的婴儿来说，与母亲的分离会让他感到不知所措，他意识到曾经与母亲的共生关系不复存在，对客体的失去过于害怕，导致整天处于哭泣和沮丧之中（郭本禹，2011）。就像在观察材料中看到的乐乐对小推车的控制以及对遥控器的钟爱，在玩这些他自己可以操控的东西时，他为自己所获得的能力和发现了更广阔的世界而欣喜，这种新的自恋取代了母婴共生时的原始自恋，缓和了与母亲渐行渐远所带来的哀伤，增强了对痛苦的忍受能力与抗挫能力。由此来看，婴儿在与母亲分离的过程中所发展出的对外界的探索与掌控能力，或许离不开自恋机制的运作。

更强的自主能力——独立行走后的婴儿有了对世界全新的认识与探索，发展出更强的自主能力，亲密感不再受母亲一人控制。这时，母亲的离开虽然也会使婴儿感到不好受，但只要母亲放手，适应良好的婴儿显然愿意并且也能够在分离的哀伤中渐行渐远。倒是对那些希望与婴儿一直保持共生关系的母亲来说，婴儿的疏远会令她们难受。不难想象，母亲对婴儿新行为的不同态度会促进或阻碍婴儿后续自我机能的发展。为此，马勒提醒母亲们，她们应该秉持鼓励并适度保护的态度，应当接受婴儿的分离倾向，鼓励婴儿的冒险精神，激励他们走得越来越远。当婴儿真的有需要时，她们能够提供帮助，保证婴儿不会因分离而感到太多的冲突。只有这样，婴儿才能发展出更强的自我机制，并与母亲保持良好的关系（郭本禹，2011）。

修复、内化客体的能力——婴儿在同母亲分离个体化的不断震荡的过程中，经历了一波三折的"艰难又痛苦的内在的舍弃过程"（Freud, 1917），这也是鲍尔比所说的哀悼的抗议与绝望阶段，如此之后，才开始真正走向同母亲的分离，向马勒所说的和解期迈进。与母亲的和解期是一个极其重要的时期，虽然经历了前期的震荡，但婴儿仍然害怕失去客体的爱，试图修复与母亲的关系，渴望母亲重回自己身边。在对19个月大的乐乐的观察中，他用树叶当芦荟给我擦拭蚊虫咬的小疙瘩，可能就是在表达他想要修复同母亲的关系的内在潜意识愿望。这种行为或许表明，一方面，他内化了父母和其他重要客体及其功能；另一方面，他在表达修复愿望的同时，也有了超我与整合的发展。

婴儿在哀悼过程中发展出的这种修复与内化的能力对日后的成长大有裨益，并且婴儿的这种哀悼丧失的能力也会逐渐地内隐于成长之中，这既是一种发展的成就，也是一种态度，是生命走向成熟的标志。哈格曼（Hagman，1995）认为，哀悼从本质上说是转换与内化已丧失的自体客体的结构和功能。这种转换与内化才是哀悼最终要达到的目标。斯人已去，但他永远在我们的心中，有了这样一个转化，无论是孩子还是我们成人，才能真正地从丧失中走出来，从幻想回到现实，而这才是哀悼的意义之所在。

## 参考文献

弗洛伊德（1917）. 哀伤与抑郁. 周娟，施琪嘉，译，http://www.psychspace.com/psych/viewnews-775.

弗洛伊德. 超越快乐原则. 车文博主编，弗洛伊德文集6. 长春：长春出版社，2010：9-13.

郭本禹主编. 自我心理学. 福建：福建教育出版社，2011：177-199.

郗浩丽. 客体关系的理论转向：温尼科特研究. 福建：福建教育出版社，2008：76-80.

韦雷娜·卡斯特. 体验悲哀. 赖升禄译，北京：三联书店，2003，2.

梅拉妮·克莱茵. 论婴儿行为观察. 嫉羡与感恩. 李新雨，

译．北京：中国轻工业出版社，2014，132．

米切尔，布莱克．弗洛伊德及其后继者．钱铭怡主编，北京：商务印书馆，2007，161．

戴维·沙夫．性与家庭的客体关系观点．李迎潮，闻锦玉，译．北京：世界图书出版公司，2009，36．

维奥斯特．必要的丧失．吕家铭，译．上海：上海三联书店，2007，193．

唐纳德·W．温尼科特．游戏与现实．朱恩伶，译．台北：心灵工坊，2009：33-157．

Bowlby, J (1960). *Grief and Mourning in Infancy and Early Childhood*. Psychoanal. St. Child, 15: 9-52.

Hagman, G (1995). *Chapter 12 Death of a Selfobject*. Progr. Self Psychol., 11: 189-205.

# 如何应对婴儿的攻击性？

蔡惠华[1]

在成人世界里，我们经常能够见到具有攻击性的行为，那么，呱呱坠地的小婴儿是否也具有攻击性？婴儿以什么样的方式表达攻击性？当婴儿表现出攻击性时，照料者如何应对才能帮助婴儿的心理健康成长？

## 有关攻击的研究

奥地利著名心理学家弗洛伊德所创立的精神分析理论认为，攻击性是最重要的本能驱力之一（2013），从出生到死亡，贯穿人的一生。婴儿出生后，所有的行为均由本能驱力引发，在逐渐与外部环境互动的过程中发展出个体特有的状态（车文博主编，2010）。

克莱茵是最早关注儿童焦虑的心理学家。她（2005）认为，儿童的焦虑常常伴随着潜在的攻击性，这是在个体出生时就发生的现象。人的心理有两个重要的精神位相，即偏执－分裂心位和抑郁心位。下面我们详细解释一下这两个概念。

婴儿天生具有分类的能力，他们会把自己的感知觉大致分为

---

[1] 原注：在此特别感谢马靓医生多次与我探讨她对婴儿攻击性的独特理解，帮助我从不同角度更加深入地思考婴儿攻击性的转归。

"好"和"坏"两个大类，舒服的就是"好的"，不舒服的、焦虑的就是"坏的"，即分裂。客观上，婴儿体会到的"坏东西"可以是由外在环境给予的，如寒冷，也可以是其身体内在自发的，如饥饿。但是，主观上，婴儿无法分辨"坏东西"究竟属于外在来源，还是属于内在来源，于是会将所有的"坏东西"归咎于外在的攻击，即偏执。婴儿出生后便处于偏执－分裂心位。处于这个位相的婴儿为了存活下来，会将"好东西"保存在体内，把所有令他感到不适或威胁的"坏东西"投射至外界，以哭、喊、叫、打等攻击性的方式抵御外在的攻击，并克服自体的不适感。

当婴儿感受到不舒服，通过攻击性的表达将他的"坏东西"投射出去的时候，如果客体（母亲是婴儿非常重要的客体）能够及时地容纳婴儿的攻击性，并为婴儿创造舒服的感受，让婴儿感受到"坏东西"被清除，"好东西"被留住了，那么，婴儿会慢慢觉得他所处的环境其实没有那么糟糕，外界不会轻易攻击他，其身心的满足与攻击性之间能够达到平衡，从而更能够容忍不舒服和焦虑的感受。当婴儿具备了这个能力，就可以较为顺利地进入下一个发展阶段，即抑郁心位。抑郁心位相较于偏执－分裂心位更为成熟，婴儿不仅可以想到自己，还可以想到别人，比如，他会想：我的哭闹是否让照料我的人感到痛苦了？相反地，如果婴儿投射"坏东西"时，客体自身感到痛苦，认为自己受到了婴儿的攻击，并将攻击返还给婴儿的话，则会加强婴儿被外界攻击的感受，堆积负面情绪，使其继续认为外面的世界是坏的，婴儿会认为"我就要保护我自己"，这样就阻碍了婴儿进入抑郁心位。

母亲在婴儿顺利向抑郁心位过渡的过程中起着至关重要的作

用。婴儿在离开子宫之后，会把作为客体的母亲与乳房等同起来，认为乳房即母亲。按照克莱茵的说法，婴儿天生就可以区分"乳房"的好坏。各种使婴儿感到舒服的因素，如饥饿的解除，吸吮的愉悦，使其免于感到紧张与不舒服（也即免于被剥夺）的状态，都会被归因于好的"乳房"；相反地，当出现使婴儿感到不舒服或受挫的因素，并且没有被及时消除时，婴儿就会将这些因素归因于坏的"乳房"。在母婴关系中，如果母亲能够容纳婴儿投射的"坏东西"，并及时让婴儿得到好的"乳房"，则可对婴儿自身承受压力和焦虑的能力，也即在某种程度上忍受挫折的能力，起到积极的作用。

温尼科特（2016）对攻击性有不同的看法，他认为，原初的攻击性不是任何破坏性的冲动。生命之初的攻击性是原初的爱的表达，是自然爱好的一部分，这种爱好是"无心无目的"的。温尼科特认为，攻击性具有两层含义：一是我们通常认为的对挫折直接或间接的一种反应；二是个体活力的主要来源之一。婴儿阶段的攻击性可以表现为吮吸、挠抓乳房、用力咬乳头、哭泣、尖叫、用力拍打等。如果母亲在面对婴儿的"攻击"时，能够提供宽容的、抱持的、促进性的环境，那么就可以使婴儿无须担心因攻击性而引起关系破灭，并能够使其逐渐觉察到受到破坏又"生存"下来的其他人，这是一个全能创造、破坏和继续生存的循环过程。这一过程开始为婴儿建立某种外部感，即一个自存的、在其全能控制之外的真实的他人。另外，不被宽容的攻击性会被分解或体验为人格中的一种异常的力量。如果母亲长期不能及时回应婴儿对她的攻击，甚至对婴儿做出"报复"行为，那么婴儿可能会通过抑制攻击或将攻击转向自身来对此进行防御。这时，婴儿可能就会发展出破坏性（尚未被关系规范过的攻击性），并且逐渐成为其人格中的一个特征。如果母亲面对婴儿的攻击时，表现为退缩、崩溃或反击，婴儿就会以丧失自己的欲望的完整体验为代价，过早地感受到危险。这很可能会导致婴儿害怕表达自己的需要，也可能会伴有对欲望的不合理抑制。

比昂（2008）认为，如果婴儿的攻击性能够被作为"容器"的照料者容纳，婴儿的心理空间，如情绪状态、想法、感觉、愿望等，会得到发展和扩大；如果婴儿的攻击性不能被养育者承载，攻击性力量则会转向自身。比昂强调，照料者能够吸收、接纳婴儿投射的其自身无法忍受的心理状态，并包容它们，调节它们，给予它们意义和真实感，然后返还给婴儿，让婴儿能够将这些已经被照料者转变为可以忍受的和有意义的内容内摄回去，从而处理了婴儿无法忍受的原始感觉，并增强了婴儿的忍耐力。

上述各个理论对婴儿攻击性的分析有着不同的见解，但其基本观点是相似的，并且回答了文初提出的几个问题。简单来说，婴儿在来到这个世界的那一刻起就具备了攻击性，并伴随人的一生。婴儿最初的攻击性可表现为哭泣、尖叫、用力拍打、吮吸、挠抓乳房、用力咬乳头等。当婴儿表现出攻击性时，如果母亲或照料者以容纳的方式对待，允许婴儿释放不好的感受，留住心中好的感受，这样可以帮助婴儿心理健康发展；反之，若母亲或照料者抱以拒绝或回避的态度，甚至被迫返还攻击，则会对婴儿心理健康造成不利的影响。

在整个婴儿观察的过程中，我对这些理论内容的思考推动我

| 第二章　婴儿观察 |

理解观察到的婴儿及婴儿与照料者之间的相互作用，发现更多重要的细节，并帮助我把观察到的现象整合起来，发现其中可能存在的联系。我从众多观察记录里选取了七个场景片断。我们可以看到不同的照料者在面对婴儿投射时不同的反应模式，即成功容纳、及时回应和容纳失败、延迟回应，以及这两种模式对婴儿造成的影响。

## 婴儿观察记录

　　我第一次见到贝贝的时候，她已有 20 天大了。她正安静地睡在自己的摇篮里。摇篮紧邻爸爸妈妈的床，为了避免阳光刺激到贝贝的眼睛，房间里的窗帘是拉上的，光线昏暗。摇篮旁边放置了尿布台，方便给贝贝换尿布。我走到摇篮床边，静静地观察着她。"你好呀，小宝贝，这是我们第一次见面……"我正这么想的时候，贝贝突然嘤嘤地哭了起来。这时，贝贝的爸爸从客厅闻声走来，温柔地从摇篮中抱起她，轻轻地将贝贝放到尿布台上，小声对她说："宝贝是不是撒尿了？"爸爸快速地打开贝贝的包被，看到尿布显示条提示有尿，于是熟练地为贝贝换了尿布并重新打包好。之后，爸爸把贝贝抱起来轻轻地摇，等贝贝睡着后，再慢慢放回摇篮里。贝贝又安静地睡着了，嘴角出现了一丝上扬。

　　婴儿刚刚出生 20 天，她睡觉时尿了一些出来，感到不舒服，于是哭了。不舒服的感觉被解除并得到了爸爸的安抚之后，便可在满足的状态下安睡。在这个情景里，贝贝的攻击性通过哭声表现出来，我们可以感受到，贝贝此时的攻击性是不具备破坏性的。爸爸在听到贝贝的哭声后表现得从容自然，可以温柔地和贝贝对话，并且熟练地掌握了换尿布和打包的技巧，及时地帮贝贝解除了湿尿布的不适感。这个过程即容纳。

贝贝5周大的时候，整个面部都起了红色的小疹子，脖子上也有一些散在的红疹。一周前，家里请了一位全职保姆来帮忙照顾贝贝，出于一些原因，她的摇篮床从爸爸妈妈的卧室移到了保姆阿姨的房间。

阿姨抱着贝贝，想让她睡觉，于是把她放到了摇篮床里。阿姨的手刚松开，贝贝便哭了起来。阿姨顺手再次抱起贝贝，说："可能是刚才喂的奶不够。"于是又去冲了一些奶粉喂给贝贝喝。喂完奶后，她再次将贝贝放到摇篮床里。贝贝面部肌肉缩了起来，不停地扭动身体，嘴里发出类似哭声的哼哼声。这时，阿姨从她的床上拿来一个音乐玩具，放到贝贝左侧耳边播放歌曲。贝贝躺在摇床里，手在空中来回划动，身体扭动了许久，然后皱着眉头慢慢地睡了。

这个阶段的婴儿，其攻击性还处于热切的、贪婪的吮吸之中，更需要照料者细致入微的照顾，在其攻击性表现出来时给予及时的回应。身体位置的稳定感觉，皮肤的接触，熟悉的声音等，都有助于缓解婴儿的焦虑，降低攻击性的升级。阿姨来到家里，贝

| 第二章　婴儿观察 |

贝的摇篮床被移出了父母的房间，这对婴儿来说是一个很大的改变，可能会对婴儿造成不适感。阿姨能够分析婴儿哭的原因，并用她知道的方法处理，如喂奶、播放音乐，虽然婴儿睡着了，但没有表现出放松和满足的状态，似乎需求并没有被完全满足。

贝贝在 13 周大的时候患了严重的支气管炎，住院了。这次的观察是在医院里进行的。

比起上次拜访，贝贝原本圆嘟嘟的小脸几乎瘦成了锥形脸，面色苍白，小嘴微微动着，眼睛四处看，好像在追寻什么。这时，轮到贝贝做治疗了。妈妈将她抱到治疗床上平卧，用自己的身体贴着她，双手将贝贝的两个小手臂固定在床两侧。第一个项目是冲洗鼻腔。护士把接好洗鼻器的透明管子插入贝贝的左鼻腔，按住她的右鼻孔，脚踩控制板，管子从左鼻腔内抽进抽出，冲洗几次之后换边，用同样的方法冲洗右鼻腔。随着控制板的一抬一放，贝贝撕心裂肺的哭声一起一伏，她努力想要挣脱，但因为被妈妈压住而无力动弹。贝贝的面部憋涨得通红，眼泪不停地从面颊两侧落下，哭得像快要断了气了似的。洗完鼻腔之后，妈妈抱起贝贝，摸着她的头，看着贝贝的眼睛，说："妈妈知道宝贝难受，鼻腔已经冲完了，不难受了。"贝贝在妈妈的怀里渐渐地不哭了。第二个项目是雾化吸入。贝贝一见到雾化吸入的面罩，小嘴一撇，又哭了起来。妈妈轻轻地摇着贝贝，温柔地说："宝贝不哭不哭，这个不会像刚才那样难受的，爸爸妈妈陪着宝贝。"贝贝好像听懂了妈妈的话，渐渐地停止了哭泣。此时，贝贝的爸爸协助护士连接雾化吸入的机器，给贝贝做了 15 分钟治疗，过程顺利，贝贝没有哭。第三项是吸痰。护士轻柔熟练地操作了几十秒，贝贝也就如冲洗鼻腔时那样哭了几十秒。稍事休息之后，妈妈横抱着贝贝喂奶，贝贝似乎耗尽了精力，很快便吃着奶睡着了。

婴儿患了重病，在医院这个完全陌生的环境里接受治疗是非常痛苦的。这时，如果爸爸妈妈能够陪伴在婴儿的身边，则可以给婴儿带来一些熟悉的好的感觉。妈妈在婴儿用哭声和肢体语言表达强烈痛苦的时候，其自身会因感到婴儿的痛苦而难过，但贝贝的妈妈能够认同这种感受，并将自身的痛苦转化为对贝贝的安慰。她没有在贝贝面前表现出焦虑情绪，而是以一种抱持的态度，用眼神、语言、身体多方位安抚婴儿，让婴儿在恶劣的环境中仍然能够体会到舒服的感受。

贝贝18周大的这一天，爸爸妈妈都去上班了，她正在阿姨房间里熟睡。突然，客厅传来一声脆响，好像什么东西掉到瓷砖地上了。这时，贝贝的身体左右扭动起来，头也随着身体摇摆，紧闭双眼，眉头紧锁，接着大声哭了起来。阿姨在客厅，没有理会贝贝的哭声。之后，贝贝的哭声越来越大，眼泪不停地从眼角冒出来，身体不停地扭动。阿姨终于从客厅走到房间的摇篮床边，对贝贝说："别这样，阿姨在做事，不要哭，哭不好。"可贝贝继续哭着，声音开始带点嘶哑。阿姨出去冲了一些奶粉过来喂贝贝，贝贝吃到奶粉后，渐渐安静下来。

婴儿熟睡时听到响声，可能是因为受到了惊吓，也可能是因

| 第二章　婴儿观察 |

为从睡梦中被吵醒的体验不好，所以哭了。从这次的观察中可以看到，阿姨延迟了对贝贝的回应，当婴儿的哭声变得越来越大的时候，阿姨走过去查看，之后用奶瓶替代语言和身体动作的抚慰。

在婴儿23周大时，发生了一个与上述情况类似的事情。这次是爸爸开的门，说贝贝在睡觉，我走到摇篮床边，静静地观察贝贝。这时，窗外突然传来一阵很大的犬吠声，只见贝贝身体动了动，头左右摇了几下，闭着眼睛似睡似醒，眼珠在眼眶里转动。贝贝连续两次吸气后呼气，面部肌肉有些绷紧，眉毛上挑一下，嘴巴轻轻地上下咬合，右手轻轻握着拳头，然后大声哭了起来。这时，爸爸从书房闻声而来，站在床边轻轻地拍着贝贝："哦，不怕不怕，刚刚是小狗在叫，爸爸在这里陪着贝贝呢。"贝贝的哭声渐渐低了下来，爸爸继续轻轻地拍着贝贝，直到她再次安静地睡着。

此次同样是在婴儿熟睡的时候突然出现了响声，之后婴儿开始哭泣，而此时爸爸闻声而至，及时安抚婴儿。爸爸可能这样认为：贝贝哭了，是不是被狗的叫声吓到了？她需要被安抚。爸爸能够耐心地运用语言和肢体动作帮助婴儿缓解害怕的情绪。

在婴儿59周大的观察记录中写道：贝贝已经可以蹒跚着走路了，她从小推车里拿出一个胡萝卜玩具，用胡萝卜去敲打米宝兔（一款兔子形状的儿童塑料玩具）。阿姨见状，大声对贝贝说："你不能打米宝兔啊！"这时，贝贝转向阿姨，身体挺得笔直，肌肉紧绷，面部涨得红红的，朝阿姨大声尖叫，然后用胡萝卜比较尖的一头不停地戳米宝兔的眼睛、嘴巴。她眉头紧锁，一副怒气冲冲的样子，阿姨便没有再理会她。过了一会儿，贝贝和玩具熊猫玩了起来。阿姨拿来冲好的奶给贝贝喝，她吸了几口，然后把奶嘴放到玩具熊猫的嘴巴里喂它喝。阿姨见状，立刻抓住贝贝的手，制止她给玩具熊猫喂奶，贝贝发出很响亮的"啊啊"声，不愿拿开奶瓶。阿姨加大了抓她的力度，贝贝再次尖叫起来，阿姨松开了手。这时，贝贝举起奶瓶，开始用奶瓶底击打玩具熊猫。

婴儿已经1岁多了，在玩和探索的过程中，会出现一些类似攻击的表现。阿姨强行制止了贝贝的行为，贝贝用尖叫表示抗议后，出现了看上去像以破坏为目的的攻击动作，比如，用胡萝卜的尖头戳玩具的眼睛，用奶瓶底击打玩具。对婴儿来说，阿姨的情绪与言行似乎在强调她游戏里的"攻击"行为，使她的攻击性升级。

在婴儿63周大时的那次观察是在小区花园进行的。妈妈带着贝贝到楼下的花坛里玩，贝贝看到草地上有一摊水，伸出小脚想去踩水，妈妈蹲下来，看着她的眼睛，温柔地对她说："宝贝不能踩水，会把美美的鞋子踩湿的哦。"于是，贝贝缩回了脚，自己摇摇摆摆地朝着幼儿园的方向走去，妈妈紧随其后。贝贝走到路边的一棵小树下，用小手轻轻地去摸树叶，妈妈在贝贝身后，对她说："你想摘叶子呀？"贝贝踮起双脚，用手抹去叶子上的水珠。妈妈走上前，扶住贝贝的身体，防止她摔倒，她用小手推开妈妈的手，妈妈再次扶上去，说："宝贝现在还站不稳，妈妈扶着你。"

这一次，她没有再推开妈妈的手，她拽下了一片小绿叶，脸上带着微笑和满足的表情继续朝前走……

在这一次的观察中，我们也看到了妈妈的制止和贝贝的拒绝，在贝贝和妈妈互动的整个过程中，表情和身体都是放松的，没有出现身体紧绷、尖叫等情况。妈妈没有强行制止婴儿的行为，转而用温和的语气，用语言平静地和孩子沟通，即使在被孩子拒绝的时候也可以做到这一点。

## 讨论

在为期近两年的婴儿观察过程中，我深切地体会到，照料者对孩子的攻击性表达的及时回应和容纳是多么重要。上述的七个例子，跨越了近两年的时间，我们从中可以看到，婴儿的攻击性在最初是没有破坏性的，并且具有一定的功能——向外界传递生理需求或躯体不适感，以及表达焦虑、愤怒、恐惧等情绪。这些是婴儿心理发展中非常重要的过程。婴儿与照料者的关系密切影响着其攻击性的发展。当婴儿的攻击性表现出来时，照料者以容纳的方式允许攻击性的释放，及时回应婴儿的需求，消除其不适感，同时温柔地安抚婴儿，与婴儿进行情感对话，给予情感的支持和陪伴，则婴儿攻击性的表达时间会明显缩短，负性情绪会减少，从而减小攻击性向以破坏为目的转化的可能。不仅如此，在足够好的照料者的帮助下，婴儿自主调节攻击性能力的空间也可以得到提升，使婴儿的攻击性得到较好的中和，并达到整合的状态。相反地，如果照料者不能以容纳的方式及时处理婴儿的攻击性，婴儿攻击性表达的强度可能会随着负性情绪的累积而不断提升，其攻击行为还可能向以破坏性为目的的状态转化。

温尼科特（2016）曾辩证地提出，"火在本质上是建设性的还是破坏性的？"攻击性就像"火"一样，人们需要火，同时又惧怕火。当照料者能够理解婴儿攻击性蕴含的意义和功能时，也许可以试着以包容的、充满爱的方式回应和对待婴儿的攻击性，助其健康成长。

"让孩子哭，别抱，不然会惯坏的。""别让孩子用哭声来操控你。"这类话真的准确吗？对孩子的成长有帮助吗？也许，我们在了解了攻击性的表现、作用和转化之后，可以得到自己的答案。

## 参考文献

弗洛伊德. 弗洛伊德文集——自我与本我. 车文博主编. 吉林：长春出版社，2010：5-45.

梅拉妮·克莱茵. 嫉羡与感恩. 吕煦宗，刘慧卿，译. 台北：心灵工坊文化，2005：80-157.

米切尔，斯蒂芬. 弗洛伊德及其后继者——现代精神分析思想史. 陈祉妍，黄峥，沈东郁，译. 北京：商务印书馆，2013：52,

166.

米勒．婴儿观察．樊学梅，译．台北：五南图书出版公司，2009.

赛明顿，赛明顿．思想等待思想者——比昂的临床思想．苏晓波，译．北京：中国轻工业出版社，2008：69-81.

朱迪思·拉斯廷．婴儿研究和神经科学在心理治疗中的运用——拓展临床技能．郝伟杰，马丽平，译．北京：中国轻工业出版社，2015：19-29.

怀特，韦纳．自体心理学的理论与实践．吉莉，译．北京：中国轻工业出版社，2013：26-28.

唐纳德·W.温尼科特．妈妈的心灵课——孩子、家庭和大千世界．魏晨曦，译，北京：中国轻工业出版社，2016：247-254.

郗浩丽．客体关系理论的转向：温尼科特研究．福建：福建教育出版社，2008：91-95.

Blanck, G & Blanck, R (1974). *Ego Psychology: Theory and Practice*. New York: Columbia University Press.

# 二孩家庭中大孩子的心理困境

高 宁

　　30 年以前，中国的很多家庭是多子女家庭。30 年以来，在经历了独生子女政策、双独二孩政策、单独二孩政策，到全面二孩政策的演变后，现在养育两个孩子的家庭中，有不少父母是独生子女，他们对家庭中两个孩子之间的相互影响只停留在想象层面。

　　维奥斯特（Viorst）在他的书（2007）中提到了一些著名人士对同胞关系的观点，例如，弗洛伊德认为，"一个年幼的孩子未必爱他的兄弟姐妹。显然，他常常并没有这种爱……他把他们当作竞争者来恨，而且，众所周知，这种态度经常不受干扰地持续好多年，直到成年期，甚至更久以后"。二孩家庭中，老大可能会在弟弟妹妹出生后感受到恐惧和焦虑，担心失去父母的爱和照顾，他可能希望这种变化并没有发生。同胞竞争是一种正常和普遍的现象吗？维奥斯特（2007）给出了肯定的答案：在先后出生的、年龄相近的孩子之间，或在家庭规模较小的情况下，这种竞争表现得更为激烈。

　　在他的书中，维奥斯特还提到阿尔弗雷德·阿德勒（Alfred Adler）的观点：如果一个孩子发现自己能够通过打架战胜与他竞争的兄弟姐妹们，"他就会成为一个好斗的孩子，但如果打架没有用，他可能会失去希望，变得沮丧，并通过让父母忧心忡忡、担惊受怕来取得胜利"。可见，这个影响可能会延续终生。那么，家庭该如何应对这些变化？父母在这个过程中如何帮助孩子渡过心理困境？我在婴儿观察中的一些思考，或许能为父母们带来一些启发。

## 观察材料

### 大孩子的"小"现象

摘录自第 19 周的婴儿观察报告：

女婴小婷在睡觉，我坐在婴儿床旁边看着她。卧室里很安静，姥姥、姥爷在隔壁客厅。小婷慢慢地睁开眼睛，她看到我，咧开小嘴笑了。这时，外面传来婴儿般的哭声，我不禁感到惊讶，这里已经有一个婴儿了，是家里来客人了吗？我看着小婷，她也看着我……来到客厅，我看到了小婷的哥哥，一个 2 岁半的孩子，他站在客厅望着我，我这才明白刚才那声婴儿般的啼哭是他发出的。妈妈把小婷放在沙发靠垫上，让她倚在那里。哥哥走到妈妈面前要妈妈抱他，妈妈把他抱起来，像抱婴儿一样斜着抱在怀里。小婷看着妈妈怀里抱着哥哥。

在这次的观察中，妈妈趁哥哥离开的时候问我："这个孩子在家里有了小的以后，突然不会说话了，这是怎么回事儿啊？"她似乎意识到我无法回答她的问题，低头看了一眼在怀里吃奶的小婷，嘟囔着："我们小区这几个生老二的，老大好像都有这种情况，那天我们还说这个来着。"

　　这是我进行了两年婴儿观察的家庭，女婴小婷是在大孩子2岁多的时候出生的。在最开始观察记录的这个场景里，妹妹出生了，哥哥却"变小了"，哭起来变得像个婴儿，本来已经可以到处走，甚至可以跑的大孩子，变得要妈妈抱了。不仅如此，妹妹的出生，让家里的大孩子呈现出了一些"小"现象。

　　就像我最开始记录的情景，在妹妹出生后，哥哥变得像一个婴儿了，他发出婴儿般的哭声，他要像婴儿一样被抱着，而且不仅如此。

　　婴儿观察第3周。月嫂给妈妈端来一碗汤，妈妈坐在床边喝汤的时候，哥哥走了进来。他先走近床边看了一眼妹妹，妈妈问他要不要喝汤，他喝了一口，看了看妹妹。月嫂说："我们喂哥哥汤他不肯喝，只要妈妈喂。"妈妈笑了笑，继续喂哥哥喝汤。

　　婴儿观察第6周。妈妈告诉我说，月嫂走了，他们暂时决定自己带这两个孩子，"我负责妹妹，爸爸负责哥哥"。妈妈还告诉我："前两天，哥哥看到我抱着妹妹，也要求爸爸这么抱着他。"

　　婴儿观察第14周。妈妈抱着妹妹在屋里走动着，哥哥走了进来，他走到妹妹床边，要爬上去。妈妈说："哥哥要睡觉吗？到你自己床上去好不好？这是妹妹的床。"哥哥没有回应妈妈，他爬到床上，先是坐着，然后躺了下去，然后又坐起来，伸手去抓婴儿床垂下去的栅栏，然后指着栅栏旁边的扣环，似乎是示意坐在一边的我帮助他扣好栅栏。

这类现象几乎都在说："我也是个小婴儿，你看到了吗？"这个意思看起来很好理解，孩子的想法似乎是"如果我是个婴儿，就可以像妹妹一样地被照顾"。精神分析里会用"退行"（regression）这个词来说明这种现象，最初它被称为"返回""退缩"，表示个体离开或放弃已经达到的心灵结构或功能，思考、情绪或行动状态退回到个人发展中的一个更早的心理状态。

从观察材料中，我们可以看到，哥哥的表现从年龄上来看是要回到妹妹那个年龄，行为上的表现是要睡婴儿床，要爸爸抱自己，要妈妈喂着吃东西，他甚至发出了婴儿般的哭声，让我听起来都产生了误解，想必在他的心里自己已经成为婴儿。同时，我们尝试理解这一现象：大孩子的内心处于一种应激状态，他无法应对生活中的这个巨大的变化，他试图变成小婴儿去应对内心的冲突："我恨小婴儿，可是恨也不行，她不能变没了，与其伤害这个取代我在妈妈心目中地位的婴儿，不如我去当那个婴儿，至少这样妈妈还会爱我。"通过这样的方式，大孩子可以缓解内心的焦虑情绪，消除不必要的危险冲动，当然，这种方式并不总能奏效。

**这一切都归我所有**

孩子应对竞争的方式简单而直接，胜过或压倒对方的行为表现可以是独占父母中的一方或双方，独占一种或多种物品，从而获得心理上占有的感觉，或拥有一种特别的感觉，仿佛在心理上占有父母。

### 独占的需求

婴儿观察第 11 周。妹妹在睡觉,妈妈告诉我:"最近哥哥有点儿缠我,他昨天睡完觉起来,走到这屋,看到我在给妹妹换尿片,就说要尿尿。我让他去找姥姥,他说要妈妈和他去,一定要我去。我这边抱着小的,大的就要坐在我的腿上,非坐不可。"

在我们生命的最早期,所有人都曾有过完全占有自己母亲的幻想。当弟妹出生后,孩子一旦意识到他人有平等甚至优先的权利拥有母亲的爱,就开始有了嫉妒。"这个妈妈是我的,我要和婴儿一样地拥有妈妈,拥有她的拥抱、她的关注……她的一切!如果不能拥有,那也不能怪妈妈不爱我,它完全是这个小婴儿的错。"这时,独占所有的物品也变得非常重要,那是一种重要的"标志",一切都还是"我"的吗?这些东西可能都有它的意味,就是它在证明,如果孩子占有了它们,孩子自己就是美好的,值得被爱的。

婴儿观察第 7 周。妹妹在客厅睡觉,妈妈抱着哥哥从卧室里出来,对哥哥说:"找不到妹妹了,妹妹在这里睡呢。"妈妈把哥哥放到地上站好,哥哥指着妹妹的枕头说:"我的我的。"说着就要哭起来。妈妈说:"你的在屋里呀。"姥姥连忙小心地移开正在熟睡的妹妹的头,抽出枕头给哥哥。这时,妈妈也从卧室里拿来另外一个枕头,哥哥把两个枕头都紧紧地抱在胸前。

## 独有的特征

婴儿观察第 3 周。月嫂给妹妹洗完澡,把妹妹仰面放在床上。妈妈半卧着在床里面躺着,月嫂给妹妹的身上涂抹一种油,妹妹发出了哭泣的声音,妈妈伸手抚摸妹妹的脸。哥哥走到月嫂旁边,坐在地上,我看不到他在干什么,只听见月嫂说:"哥哥把爽身粉涂在自己的小鸡鸡上了。"

这个部分中非常重要的一点是,哥哥似乎注意到了自己和妹妹有性别上的不同,他在最初的竞争中抢先"标注"出来,可能他的意识里还没有文化中所谓的"重男轻女",但当他看到妹妹的身体的时候,他特别注意到并用行为强调这一点——"我和她不一样"。在竞争的情形下,发现自己和对方不同,就像在争夺中划定一个地盘:你有属于你的,我也有属于我的,甚至感觉自己比对方更有优势。这可能帮助了哥哥缓解内心焦虑的情绪,减少嫉妒引发的冲动。

## 我被排除在外了

就我观察和阅读所见,妈妈给婴儿喂奶的情境会给大孩子带来强烈的情绪体验和冲动行为。

婴儿观察第 19 周。妈妈开始给妹妹喂奶,哥哥走了过来,看着用力吸吮妈妈乳汁的妹妹。妈妈说:"妹妹在吃奶,你要吃吗?"哥哥点点头,妈妈招呼姥姥给哥哥准备牛奶。一番商量,姥姥给哥哥拿来了酸奶，哥哥不喝，他走到妈妈面前，伸手就朝妹妹的后脑勺打过去。妈妈用胳膊挡过去，说："你在干什么？怎么能打妹妹？"然而这劝说并没有挡住哥哥，哥哥一把打在妹妹头上，发出响声。妈妈还是拦住了哥哥，让他向后站。哥哥跑开了，妈妈喊着："过来给妹妹道歉！"

《婴儿观察》（Miller, 2002）一书中也记录了多数大孩子在看到妈妈给小婴儿喂奶时的冲动表达，甚至尝试破坏喂奶的行为。为何这个场景如此特别？在接受哺乳时，婴儿体验到不被干扰的享受，哺乳是一个母婴密切联结的排他时刻。大孩子看到这个场景时，被激发的是对母亲（抛弃我）、小婴儿（嫉妒）以及不在场的父亲（你造成这一切）的情绪，他可能会感觉到强烈的愤怒、恐惧，小婴儿在占有并享受着他想要拥有的人——妈妈，自己应该得到的爱被小婴儿彻底地夺走了。大孩子几乎无法处理这一刻内心强烈的冲突，对他有限的语言表达能力而言，这一刻，通过行动表现内心的感受是最直接的方式。

**我可以像你们那样照顾她**

在同时养育两个孩子的时候，父母往往充满焦虑。在他们对大孩子的期待中，包含这样一个部分：来，和我们一起照顾小婴儿，就像当年我们照顾你一样。大孩子也能够感受到和知道这个期待，对他来说，内心充满情绪的同时，在行为上也会表达一些对这些期待的回应。

## 第二章 婴儿观察

婴儿观察第 9 周。妈妈一边给妹妹喂奶，一边跟我说："前两天，哥哥跟妹妹说话，模仿姥姥的口气，说'你闭上眼睛啊，闭上眼睛好睡觉，就这样闭上眼睛'。"说着，还模仿起哥哥的样子，我们都笑了。

婴儿观察第 14 周。家里所有人都在客厅，妹妹躺在婴儿车里，哥哥从我一进门就盯着我看。当我经过婴儿车的时候，哥哥站到车前，向前后推了一下婴儿车，然后看了我一眼，姥姥在一边说："哥哥会照顾妹妹了。"

在这里，大孩子表现出对父母的认同，让自己比较良性和积极的情感代替不必要的冲动。

当大孩子去照顾小婴儿的时候，在幻想中，他或许已经成为父母中的一方。也可能照顾小婴儿给大孩子带来了父母的表扬和关注，使他产生了一些自豪感和成就感，让他感到自己对父母来说很重要。还有一种可能是，照顾行为可以帮助大孩子减少内疚，这种内疚可能源自冲动行为带来的伤害，也可能大孩子头脑中关于伤害小婴儿的幻想已经让他内疚不已了。

**我看不见她，她就不存在**

明白父母的爱并不专属于我，还有其他的竞争者，对一个孩子来说是多么艰难的过程，以至于那些感受循环往复地出现，甚至这种争夺延续终生。在最后的两次观察中，妹妹已经快 2 岁了，我见到了一年多没看到的哥哥。在我的记录中，从他看到我时，眼睛就一直盯着我，他做各种动作吸引我的注意，发起和我的互动。哥哥自始至终没有看自己的妹妹一眼，当我的目光转向妹妹时，他一定会尝试吸引我的注意，以便我可以把对妹妹的关注转移到他那里。我没有看到哥哥发起和妹妹的互动。我猜测在这个时候，哥哥内心被激起了强烈的竞争感，他尝试否认妹妹的存在，也就能够否认我是专门来看妹妹的这个事实。这里，在想象和行为层面，哥哥制造出"我不看妹妹，她就像不存在一样"，从而帮助他消减内心无法接受的事实带来的冲动和焦虑。

## 大孩子的内心发生着什么

小婴儿出生时，大孩子的年龄各有不同，本文以 2～3 岁的孩子为主要对象，一方面基于我观察的素材，另一方面也能够更为集中地讨论这个时期大孩子的心理发展样貌。同时，需要指出的是，一些现象和情绪感受同样存在于其他年龄的孩子身上，而表现形式会有不同。

### 儿童心理社会发展阶段理论

2～3 岁这个阶段在心理学家埃里克森（Erik Erikson）的心理发展阶段理论中被称为"童年早期"，在这个阶段，儿童需要解决的心理冲突的主题是自主性对羞怯和疑虑。埃里克森指出，"本阶段（2～3岁）在可爱的善良意志和可恨的自我坚持之间，在通力合作和一厢情愿之间，在自我表现和强迫性的自我约束或者温顺的依从之间，各自所占的比例起决定性作用"（埃里克森，1998）。通过以上的描述，我们可以看出，这个阶段对儿童来说是充满矛盾、困难重重的一段时间。

通常在这个阶段，父母开始对儿童进行大小便训练，在这个过程中，父母和儿童之间的相互协调成为一个挑战，同时，儿童开始感觉到自己的意愿和父母的意愿的相互冲突。如果父母耐心、宽容并灵活地指导儿童，使儿童感到自己能够控制自己，那么儿童便会发展出自主感和自我控制感，在完成各项任务的过程中体验到一种增强的自豪感，并对他人产生积极的情感（郭本禹等，2009）。即使没有小婴儿的出生，父母也不那么容易做到这些。父母一方面要根据社会的要求对儿童的行为进行一定的限制和控制，另一方面要给儿童一定的自由，鼓励他们独自活动，不能伤害他们的自主性（郭本禹等，2009）。儿童自身发展的需求，加上小婴儿出生带来的外在要求和内心感受的冲突，带给儿童疑虑和羞怯的挑战。

埃里克森认为，儿童从这种不可避免的自我控制丧失感和父母过度控制感中产生出一种疑虑和羞怯的持久倾向（埃里克森，1998）。父母的控制是否过度，不宜严加评判，但小婴儿的降生带来的焦虑会使父母产生对大孩子更多的要求，大孩子会体会到他不仅不能随意地排便，还不能控制新生儿的降生，这里的自我控制丧失感可能是加倍的。

**从妈妈怀孕开始的幻想**

有些父母会在他们打算生第二个孩子之前和大孩子商量，甚至让大孩子决定"是否要一个弟弟或者妹妹"。我推测这种做法会给低龄的孩子带来一些困惑，不与其他人分享是孩子的本意，这种愿望是否被父母允许，做自己想要的决定可能让孩子感到不安和内疚，有时孩子会感到愤怒，因为他们深感被父母放在一个困境中。

温尼科特曾说，"怀孕是个非常基本的事实，要是孩子没有见过怀孕时妈妈的变化，那就错失了特别多的东西"（温尼科特，2016）。他可能错失的一个部分是幻想，妈妈怀孕过程中，孩子往往会有非常丰富的幻想，有些部分甚至是可怕的。妈妈开始去医院了，她病了吗？孩子发现自己不能舒服地爬在妈妈膝头，不能在睡前享受妈妈讲故事的时光。有些妈妈强烈的妊娠反应会给孩子带来恐惧，"妈妈会死掉吗？"随着大人们的谈论和玩笑，孩子会陷入恐惧，"小婴儿出生后我会被抛弃的"。实际上，在小婴儿出生后，大人们更多的是去照顾母婴，这一事实给了大孩子确凿的证据，就好像背地里他早就知道幻想中的一切会发生似的。

围绕妈妈怀孕，有的孩子会在此前后幻想"我肚子里也有一个孩子"，或许小孩想生个小宝宝的愿望并不比大人少，可是他们做不到，所以会用洋娃娃满足一部分愿望，好像妈妈怀孕生孩子了，他们也在生孩子似的。孩子的幻想还有诸如，"妈妈爸爸做了我无法控制的事情""小婴儿会在马桶里出现，我也是这么来的"。

需要指出的是，孩子的想象力非常丰富，有的孩子很难知道什么时候该停止幻想，他们一边编织幻想，一边用现实中发生的事情连接幻想，而且这个年纪的孩子在辨识真实和恒久性的能力上有很大的差异，有时他们相信所有的事情都是可能的。

**不容忽视的终生影响**

小婴儿的出生带给大孩子太多的情绪了，在一些时间里，大孩子几乎淹没其中了。有些孩子能够得到成人的帮助，而有些则不能。一些天生的气质、养育的环境，以及当时大孩子心埋发育的情况都影响着那一段时间大孩子的发展。我们可能会看到，随着小婴儿慢慢长大，大孩子可以和他一起玩耍，一些恨意会让位于爱。有些孩子可能会对整个家庭产生一种融合的效果，通过自己的友善和助人行为，改善了家庭氛围。另外一些孩子可能会一直困于其中，而经过一段时间后才不那么痛苦。不过孩子最终都将认识到，自己不是母亲生命中的唯一，终将明白必须与其他人分享母亲的爱，而且首先要在家里与同胞分享。同胞之间可以发展出令人惊讶的敌对，同时可能也具有令人难以置信的忠诚，而有些同胞永远都不会放弃他们的嫉妒心理和竞争性。

大孩子在同胞竞争中形成的应对方式既是他在家庭中的方式，可能也是今后对待同事、朋友，甚至配偶和自己的孩子的方式，对他而言，那段经历不断地在生活中重现，从而影响大孩子性格的形成和一生的际遇，而这些最早可能始于一场同胞竞争。

## 父母和其他家庭成员如何帮助大孩子

无论做了多少准备，同时照顾两个孩子还是会给父母带来不小的挑战。这时，有的家庭会选择将两个孩子分开照顾，甚至送到远方的祖父母家，这可能不是一个好主意。此外，父母可能会给大孩子提出一些要求，比如，"大孩子必须让着小的。""你只能爱你的弟弟或妹妹，其他表达都是错的。"又或者，给两个孩子贴上不同的标签，这些做法和要求似乎帮助父母缓解了焦虑，但对大孩子帮助不大。

父母可以在"大""小"之争的背后去关注大孩子内心的感受，这种感受可能与父母给予他的关注不够有关，也可能是被内在幻想激活的大孩子产生了担心和愤怒。面对这种情况，替大孩子用语言来表达可能是一个不错的方法，比如，当大孩子哭泣的时候，可以说"你想告诉妈妈，你也希望我关心你"，或者"你现在对妈妈给妹妹喂奶，而不是给你，感到非常生气和难过"，等等。

大孩子是幸福的，他们有幸独占父母一段时间；大孩子又是"不幸"的，他们会强烈地体验到丧失。有时，父母会感到内疚，在小婴儿出生后，父母总是容易忽视大孩子，这个感受可能早在母亲怀孕期间就出现了。母亲感觉自己以后可能没有太多精力照顾大孩子，所以会补偿性地多花时间来陪他。温尼科特提出"足够好的母亲"（郗浩丽，2008）这个概念，在多子女家庭中，"父母足够好"非常不易，有时只能坦然接受顾此失彼的照料。

## 参考文献

埃里克森.同一性：青少年与危机.孙名之，译.杭州：浙江教育出版社，1998：95-97.

郭本禹，郗浩丽，吕英军.精神分析发展心理学.福州：福建教育出版社，2009，306.

米勒.婴儿观察.樊雪梅，译.台北：五南图书，2002：165-172.

维奥斯特.必要的丧失.吕家铭，韩淑珍，译.上海：上海三联书店，2007：58-72.

温尼科特.妈妈的心灵课——孩子、家庭和大千世界.魏晨曦，译.北京：中国轻工业出版社，140.

郗浩丽.客体关系理论的转向：温尼科特研究.福州：福建教育出版社，2008：51-52.

# 第三章

# 幼儿观察

麦德观察性学习项目自2017年起正式增加"幼儿观察"。在此之前，一些老师预先接受了美国华盛顿精神病学学院幼儿观察培训，本章收录了她们的三篇毕业论文。

1. 施以德的幼儿观察毕业论文被国际期刊《婴儿观察》(Infant Observation)收录，在本章中，其论文中的部分材料被编写为《上幼儿园的奇妙能力》。

2. 戴艾芳在探讨了婴儿的游戏后，在幼儿观察中继续关注"游戏中的魔法世界"对幼儿的发展作用。

3. 杨希洁在《老师，请和我一起变得"足够好"》中，把"足够好"这个概念放到幼儿园里，探讨了孩子与老师如何互相影响。

# 上幼儿园的奇妙能力[1]

*施以德*[2]

"从家庭走向幼儿园"这一转变是幼儿发展过程中的一个重要的里程碑,它意味着孩子将会被独自放在一个陌生的环境中好几个小时。为了应对这个考验,孩子必须有能力保持内心重要的他人,同时要耐受分离,并利用自己和他人来调节自己的情感。他需要已然拥有内化了的重要他人的照料功能,并将其运用到自己身上。简单来说,他可以自己吃饭、如厕以及保持整洁,安抚自己睡觉。他还要对自己和他人足够信任,这样他可以和权威角色以及其他孩子合作,可以自己或者和别的孩子一起玩耍或做活动(Freud, 1965)。这一转变过程并非一帆风顺,孩子的感受是复杂的(Wittenberg, 2001)。本文主要介绍了一个名叫天天的3岁孩子进入北京某幼儿园的比较安静的适应过程。在我每周一次、持续一年的观察中,天天从来没有哭过,也没有做过什么事以引起特别的关注。他守规矩,很遵守时间表,也遵从幼儿园老师的期望,他看上去是一个适应良好的典范。我的兴趣在于他是如何应对的,以及探索在他安静的应对的背后蕴藏着什么。

---

[1] 原注:如想阅读更完整的版本,请查阅 SZE, Y T (2015). *Regulation of Anxiety Behind Quiet Adaptation.* In Infant Observation, 18: 3, 205−214, DOI: 10.1080/13698036.2015.1111612。

[2] 译注:本文原文为英文,由李斌彬翻译。

初到幼儿园时，虽然天天并没有表现出什么行为使他看起来遇到了困难，但他和其他孩子缺乏交流，对吃和玩都没有什么兴趣。

早餐时，天天坐在离我不远的桌子旁。很明显地，他知道我的存在。后来，杨老师鼓励他喝牛奶，她跪到他旁边，准备喂他一勺牛奶，他拒绝了。老师说："就尝一口。"天天尝了一口，老师想再喂他一勺，他就不吃了，杨老师离开了。我想天天也许不希望他人像对待婴儿一样对待自己，于是通过表现出对固体食物的偏好来表达这一点吧。除此以外，他看起来不需要任何关注或者同伴关系。我感到些许难过，眼眶有些湿润。过了一会儿，只有少数几个孩子还留在吃早饭的屋子里，其中就包括天天，他不能把早饭吃完。

我内心唤起的感受使我联想到，也许天天在努力地调节自己，他通过抵御自己的被成人照料的婴儿化愿望，处理着自己被留在陌生人中的丧失感和无助感。他好像在说："我不再是一个需要接受母乳喂养的小宝宝了。"在天天进入幼儿园的第2个月，在一周的假期过后，在我第4次观察开始时，至少有3个小孩哭了，而天天好像努力控制着自己，眼睛望向别处，用这种方法忍受着内心的煎熬。

文文正哭着，坐在旁边的兰兰也忍不住放声大哭。我想孩子们可能意识到幼儿园和家庭的差别，他们在假期和家人待了一周……然而，我最强烈的反应并不是来自这些哭泣的孩子，而是

## 第三章 幼儿观察

没有哭的天天，即便他端坐在文文的对面。有一刻，我好像看到他带着淡淡的痛苦表情望着别处。我的内心满是悲伤，眼中含泪。

在一周后的观察里，有几个孩子吃早餐时还在哭。这一次，天天好像发现了应对这种状况的新办法，他用为他提供同伴关系的小伙伴来缓解他无法表达的悲伤和孤独。

也许，奇奇含着满满一嘴的食物，并以此为乐，天天冲他笑着。天天开始把花卷展开成一长条，并展示给奇奇看。他们都很开心地一起玩着自己的食物。这是我第一次看到天天笑的时候嘴咧得那么大，我希望他能够交到朋友。

在第10次的观察中，天天显得无忧无虑。

天天和几个孩子在卫生间外面看着展示板上的家庭照片。我在想，他们是不是在想家。天天背对着我，他突然做了一个孩子气的、欢快的姿势，并咯咯地笑起来。他的头朝向早餐室，站在一个低柜旁，自己一个人开始玩一些几何状的玩具。后来他离开了玩耍区，走向我。他的鼻子下面挂着两串长长的鼻涕，没有老师注意到他，他经过我身边时取了几张纸巾，自己擦了鼻涕。

也许，天天看家庭照片时触及了爱的内在客体，与之在一起让他感到开心，就像重新回到了安全港湾，他感到安全，并因此可以去玩耍；也许，已经被内化的还包括照料自己的能力，就像他可以自己擦鼻涕；也许，在想象中，我们可以将两串鼻涕与两行清泪联系在一起，他会不会是在抹去自己的悲伤呢？当我看到他挂着两串鼻涕时，我感到有些悲伤。是的，眼泪常能使人获得同情，而鼻涕大多数时候令人感到恶心。我想，天天是否觉得掉眼泪是让人觉得恶心的呢？

此外，天天可能能够通过认同权威人物，通过在其他不遵守纪律的孩子面前扮演超我的角色来帮助自己。有些时候，如果天天觉得其他孩子做错了，他会给老师打小报告。在第14次的观察中，这种认同在"过家家"游戏中呈现出来。

很有趣的是，天天选择了一个代表奶奶角色的手环（过家家游戏中共有四个角色：妈妈、爸爸、爷爷和奶奶，每个人物都由一个印有相应卡通形象的手环来代表）。我记得曾看到一位老人送天天到幼儿园，我想她应该就是天天的奶奶。天天打开各个柜子和盒子，看里面有什么……在游戏的最后，音乐响起，提示孩子们把玩具放回原处并尽快坐好。芳芳和欣欣很快穿上了鞋，加入大组中，而把天天和鹏鹏留在那里处理烂摊子。天天看到地板上有一篮子东西，并且让我看（看其他孩子弄的烂摊子！）。然后，他把地板上所有的东西都收在篮子里，把桌子上所有的东西放回厨房。他和鹏鹏因为帮忙和听话而受到表扬。

天天很少向老师寻求明显的、直接的安慰。相反地，他倾向于用自己良好的行为表现获取老师的表扬。这表明他已经内化了客体的理想化部分而形成自己的理想化自我。老师的表扬强化了他的良好表现，滋养着他的健康自恋，同时帮助他在无意识地与其他孩子的竞争中获得胜利。在他的潜意识里，他可能否认和分裂出了他不想要的混乱和依赖，并把它投射在那些"坏"孩子身上。

天天用多种方式应对焦虑，这一点可以从某次在班里玩的一项令人激动的游戏中看出来，这个游戏叫作"老狼，老狼，几点啦"。在这个游戏里，一位老师假扮狼，要吃掉那些没有蹲下去藏好的孩子。在每个回合过后，天天都和同伴们待在一起，和他们一起笑着。这样可能会缓解他在游戏里担心被攻击和被吃掉的恐惧和焦虑。然而，在相对平静的外表下，恐惧和焦虑的水平仍然比较高。下面的内容是在"狼游戏"结束后发生的。

游戏结束后，老师让孩子们自己选玩具到操场上去玩。孩子们立刻跑到各个角落。很快地，很多孩子坐着玩具车、三轮童车或跷跷板回来了。全全骑在一个鳄鱼跷跷板上，安倩老师和他玩了一会儿。老师走后，全全在我面前骑着，告诉我这是一个跷跷板。我好奇他是否想让我和他一起玩。佳佳过来给我看他的粉色球。他尖声地说着话，头转向我这一边，但眼睛好像没有看我。这个高个子男孩说话的声音奶声奶气。琪琪拿了一块小垫子坐在楼梯上，她说什么我听不清楚。

天天选的东西有些不一样——几个大塑料框，像鱼或螃蟹的样子。他拿了两个，把它们挪到空地上，芳芳又帮他挪来两个。在芳芳的帮助下，天天用六个塑料框组成一个圆圈。开始，我有些疑惑。不久，他们的意图就很明显了，他们在搭房子。天天和芳芳假装把塑料框钉在地上。这些框就成了墙和门。天天走进房子，并且不让其他孩子进入或靠近房子。芳芳在他的旁边，同样拒绝其他孩子靠近。后来，他们把房子挪到我面前的空地上。芳芳告诉我他们在搬家。后来，他们重新搭房子。这一次，彬彬想进入房子，另一个孩子不许，天天却说他说了算，所以彬彬就可以进来，于是他让彬彬进入了房子。

在自由玩耍时间，其他孩子要么利用他们选的车子逃避焦虑，要么想直接和我交流。天天却是要建一个房子，也许是要容纳和保护自己，也许无意识中芳芳和他契合在一起，在建房子的游戏中组成一对。他们一起拒绝其他孩子进入房子。在他们把房子挪到我的面前后，天天容许彬彬进入房子。虽然和我没有直接的接触，但天天可能在那一刻秘密地使用我作为权威来照料和保护他，也可能从内在父母那里借用了权威，这样他就不怕被代表外在权威的我评判了。在被容纳后，他能够容许彬彬进入房子。也许通过游戏，天天在幻想中将自己和芳芳认同为能够提供安全的一对父母，把脆弱和依赖的部分投射在彬彬和其他孩子身上。在这个例子中，天天展现了使用外部资源来调节焦虑的能力，如玩具、同伴和权威人物。他可能也使用了内部资源来帮助自己，即认同保护性父母，把力量和脆弱分裂开，将后者投射给他人。通过在游戏中见诸行动，他能够主动控制焦虑，而不是处在被动的无助之中。

随着时间的推移，天天逐渐能够展示自己的其他方面。他对成为好学生表现出越来越少的热情，而越来越多地享受和同伴们在一起捣蛋的乐趣。也许天天在幼儿园觉得越来越安全，并且能够发现自己作为一个孩子的位置,而不需要将自己认同为一个"成人外衣下的儿童"。从另一个角度看,他可能也在试验用其他方法获得关注,因为当老师管他的时候,也就不得不关注他了。天天也表现出对被关注的渴望。后期,因放假一周而中断了一次观察后的下一次观察中,我观察到天天回头看被老师抱着的一个更小的孩子,然后转过身吸他正玩着的一个吸管状的积木,后来又拿这个吸管比作枪,用开玩笑的姿势射击兰兰,兰兰是这一桌唯一的女生。也许兰兰代表的是其他所有的孩子,天天想除掉的孩子,这样就能独享老师的关注。另一个可能是,他用这种隐蔽的方式表达自己对母性角色的愤怒,对把他"抛弃"在幼儿园和在幼儿园中没有给予他足够关注的女性照料者的愤怒。与其他孩子主动寻求安慰不同,天天比较喜欢使用成人作为权威角色,而不是从她们那里得到安慰。

## 结论

如同天天所展现出的从家庭到幼儿园的过渡过程,儿童用他自己的方式防御着来自分离和环境的焦虑。他所用的方式既依赖他本身的气质,也依赖他从所处环境(如家庭)中学习到的。如果他在幼儿园中觉得安全,他就可以逐渐展现自己的其他部分,发展出新的能力,为今后的发展打下基础。同时,焦虑和其他困难时不时地还会回来,希望儿童能发展出更多的技能,并以更加灵活的方式反复地应对。

## 参考文献

Freud, A (1963). *The Concept of Developmental Lines*. In Psychoanal. St. Child, 18: 245-265.

Wittenberg, I (2001). *The Transition from Home to Nursery School*. In Infant Observation, 4(2): 23-35.

# 游戏中的魔法世界

戴艾芳

## 引言

2016年9月，我开始了幼儿观察的学习，不知是机缘巧合还是心之向往，我有幸观察到很多孩子自由游戏的场景，这也促使我继续思考和探索：游戏在2～3岁幼儿身上会有哪些新的发展和变化呢？

游戏是一项充满魔力的活动，它既是我们感受、体会和理解孩子们内心世界的一个非常重要的媒介，也是孩子们在成长过程中可以充分探索和利用的"工具"。在游戏中，孩子们可以体会越来越丰富的情感，也可以通过这个特有的空间来探索他们眼中的世界，不断丰富他们的内在世界。当他们在成长过程中遇到各种挑战和难题时，游戏可以成为他们适应环境和解决问题的工具。

本文试图从"过渡空间""内化"等精神分析理论的视角来理解和解读幼儿观察中的游戏活动。

## 游戏中的魔法世界

对 2～3 岁的幼儿来说，生活中最大的变化莫过于他们要离开自己温暖安全的小家，来到幼儿园开始他们的集体生活了。相应地，我们幼儿观察学习的观察场景也从家庭转换到幼儿园。孩子们需要在幼儿园独自面对很多新的成长议题。在这个转变的过程中，游戏又将发挥怎样的作用呢？在观察中，我发现游戏可以帮助孩子们很好地适应这些新的变化和挑战。

我所观察的幼儿园是一家社区中的托幼机构。每天早上的 8:30～9:00 是孩子们陆续入园的时间。入园后的 9:00～10:00，这一个小时是孩子们自由游戏的时间。我的观察时间恰好与这个游戏时间重合。这个游戏时间的设置很特殊，不知道老师们做这样的安排是出于怎样的考虑，而在我的观察中，我发现这一个小时的自由游戏时间对孩子们而言意义非凡。

## 自由游戏与过渡空间

每天早上，孩子们跟爸爸妈妈道别后，会开始自己的游戏时间。老师们不会主导和干预孩子们的游戏过程，只会在孩子们需要的时候适当地提供帮助。在开放的教室中，有四个区域可供孩子们玩耍：一个是由各种微型手工制作的玩具组成的类似家庭布置的"过家家"区域，孩子们可以在这里玩做饭、吃饭、洗衣服、睡觉、看电视等跟生活内容相关的游戏；紧挨着"过家家"区域的是绘本区，孩子们可以选择自己喜欢的绘本，随意地坐在垫子上阅读；与绘本区相邻的是手工绘画区，孩子们在这里可以剪纸、绘画、做手工；在这三个区域的对面是一个比较大的积木区域，木质玩具架上有一些大型软积木以及一些适合小朋友一起玩耍的玩具，如叠叠圈、托马斯小火车、微型小汽车模型、迷宫等。

在最初观察的一段时间里，孩子们大部分时间都会在过家家区域玩做饭、吃饭，或者做家务的游戏。看到孩子们的这些游戏内容，我感觉虽然孩子们到了幼儿园，但他们仿佛创造出了一个家的世界。幼儿园在他们的游戏世界中成了他们的家的延伸。第一次观察时，我就看到一个小男孩豆豆在洗衣机模型旁玩洗衣服的游戏。

豆豆这会儿开始琢磨墙旁边用纸箱做的洗衣机，他说他打算洗衣服，于是把旁边小床上的小被子、小床单、小枕头都放到了洗衣机里。老师这时在旁边，豆豆邀请老师一起玩。老师开始模仿洗衣机发出轰隆隆的声音，豆豆看着洗衣机，说："咦，怎么不流水了？管子堵上了？"老师问："是吗？堵上了啊？怎么办？"豆豆说："是螺丝堵住了，拿出来就可以了。"他假装从洗衣机一边拿出个东西，然后说洗完了。并把那些小被子、小床单拿出来，还像模像样地晾在椅子背上，小椅子放不下了，豆豆就向老师求助，老师帮他整理了一下，他心满意足地转身走了。

这个游戏应该是来源于他的日常生活，而他在幼儿园里重现并创造了这个过程。豆豆创造这个游戏的过程对他有什么意义呢？

温尼科特最重大的发现之一，就是在人们的现实空间和内在世界之间发现了一个中间的"过渡空间"。过渡空间是一个孩子所拥有的空间。在这个空间中，现实与想象相互交错、重叠并互相丰富。孩子可以利用周遭的现实客体来为自己的想象服务。过渡空间是一个这样的场所：在这里与客体的分离通过创造性游戏的填充而被避免了。同时，这个过渡空间使自我和非自我的分离成为可能（拉弗尔，2015）。简而言之，过渡空间为孩子们适应"分离"提供了一个缓冲的空间。孩子们的自由游戏活动就是一个非常典型的过渡空间。在他们的游戏中，现实与想象并存。他们在游戏中慢慢适应与父母的分离。

幼儿园为孩子们提供的自由游戏时间是孩子们刚从家中来到幼儿园的时段。这个游戏的时间和空间恰好为孩子们转换状态提供了一个过渡和缓冲的空间。对2～3岁的幼儿来说，离开父母独自待在幼儿园是一件很有挑战性的事情。他们需要处理自己的分离焦虑，需要依靠自己的心理能量来应付在幼儿园的生活。而游戏作为一个过渡空间，是孩子们探索自己的情绪感受并适应分离的一个重要场所。

回到孩子们的游戏中，我们看到豆豆用洗衣服的游戏填充了自己与父母分离的时空，在这个空间里，他虽然在幼儿园，但仿佛又在自己的家中。在这个真实与幻想交织的时空中，他可以慢慢体会与父母分离的感受，但好像自己又在游戏的想象中与父母"在一起"。经过这样的创造，分离对他而言变得容易很多，变得可以承受和面对。

## 游戏中的内化与认同

温尼科特强调孩子独处的能力，在这里，独处不是真正的一个人，而是独自和某个人在一起（拉弗尔，2015）。"某个人"是一个"内在的客体"；"在一起"是与这个内在客体保持某种联系。在过渡空间中，孩子可以感受到有一个内在的、让他安心的客体在场的感觉。而这个"内在客体"的存在则是孩子经过"内化"过程形成的。

通过豆豆的游戏，我看到了他"内化"的那个部分。在对豆豆的观察中，我看到过很多次他假装在厨房做饭的场景。以下为某次观察的片段。

豆豆跑到那个可以玩过家家游戏的小桌子旁，说："我想要切面条。切面的案板在哪里呢？"他看向梅老师，像在求助。梅老师说："可能在篮子里，你去篮子里找找吧。"豆豆在篮子里找了一会儿，还是没找到，他说："梅老师，我找不到，你帮我找找吧。"梅老师来到玩具架旁边，并帮豆豆找到了小案板。豆豆非常开心地把小案板放到了小桌子上。他从篮子里拿出一个木质的小刀，坐在小椅子上开始假装切面条了。一边切，一边自言自语道："切面条，切面条……"他就这样切了好几分钟。在这个过程中，鹏鹏来到他身边看他切面条。豆豆对鹏鹏说："我正在切面条，你想吃面条吗？"鹏鹏摇摇头，表示不吃，然后跑掉了。过了几分钟，多多和安安也来到豆豆的桌子旁坐下，他们两个开始一起玩吃饭的游戏。这个小桌子上有很多漂亮的小盘子和小碗。豆豆左手拿起一个粉色的小茶壶，右手继续切面条。这时，老师也走过来坐在他的身旁，豆豆对老师说："我现在准备煮面条了。"边说边走向一个微型厨房，这个微型厨房里有迷你燃气灶，还有各种其他做饭的工具。他把一个小锅放在燃气灶上，假装倒入水并打开了火，然后回到座位坐下。豆豆又假装把一些东西放进他手中的粉色茶壶里，他说他要煮点儿肉，他把壶盖好，坐在旁边耐心地等着。等了几分钟，他开心地说面条和肉都好了，还像模像样地把面条捞出锅，盛到碗里，并大声邀请老师和小朋友们一起来吃面条。

我们可以推测，这个过程应该是豆豆的妈妈或爸爸日常为他煮面的过程。在日常生活中，他慢慢内化了父母对他照顾的感受和经验。在游戏中，他重新创造出这个内化的部分，创造出一个有父母存在的场景。只是在这个场景里，他俨然已经变成了父母。这是他对父母的一种认同，而这种认同也是他不断加深与父母联结的体现，通过认同父母来感受他们的爱。不断重复的游戏可以帮助豆豆持续体验爸爸妈妈对他的照顾，同时进一步强化一个好的内在客体的经验。

除了做饭的游戏，豆豆还开发出模仿售票员、公交司机，以及钓鱼烤鱼的游戏。这些游戏材料无不向我们呈现他的生活以及他的内在世界。从这些游戏材料中，我们可以看到他内化以及再创造的过程。他就在一次次的重复中，累积这些或正面或负面的感受，从而不断地丰富他的内在世界，促进自我的发展。

## 假扮游戏的意义

回顾观察材料，我们会发现，3 岁左右的孩子们的游戏内容与之前相比发生了很多变化。假扮游戏（Make-believe Play）逐渐成为他们游戏的主要内容。孩子们可以开启这种游戏是他们心理发展的一个重要标志。可以玩这种假扮游戏的前提是能够区分"我"和"非我"（Joyce, 2005）。

假扮游戏通常有两种不同的呈现形式：一种是某个物品被象征为另一个物品，比如，一根树枝被象征为一把宝剑，一把小椅子被当作一个木马；另一种是孩子们将自己扮演成某个人物或角色，比如，扮演爸爸、妈妈或医生等（Joyce, 2005）。在游戏中，孩子们可以体会到他们正在扮演另外一个人，同时加入很多自己的想象和创造。

豆豆的游戏内容大部分属于假扮游戏。有前面提到的扮演其他角色的游戏，还有一些他创造出许多象征物的游戏。

豆豆这会儿在游戏垫子上跑来跑去，他从玩具架子上拿出一个动车模型，很认真地对老师说："这是地铁，我会开地铁，我们马上就要出发了。"老师问他："下站到哪里了？"豆豆回答说："下站到×××。"他还提醒老师要刷卡买票。说完后，他提醒老师："我们要出发了，请坐好，下站是×××。"

……

豆豆开始在游戏垫子上垒软体积木。他把很多长方体积木一层一层地垒起来，最后垒成一个正方体。他很认真地垒着，当小朋友路过时，他会略带警惕性地护住自己的作品，生怕别人碰到。很有意思的是，当他垒完这个色彩斑斓的正方体后，他把很多木头做的小鱼放进了这个正方体里。老师用略带开玩笑的语气问他："豆豆，你垒的这是什么啊？"豆豆很神秘而认真地告诉老师："这是个烤箱，我正在烤鱼呢。"

上面两段材料呈现的内容是豆豆非常喜欢并且经常重复的游戏。假扮游戏的一个非常重要的功能是，孩子可以将自己被动的体验转换成一个主动的过程，比如，他之前是被照料的，被动接受某种经验的对象，而在假扮游戏中，他可以成为主动的一方，成为活动的"主人"。这种"被动"变"主动"的体验对孩子的心理成长非常重要（Joyce, 2005）。假扮游戏的过程也是孩子满足愿望的过程。可以想象，豆豆在日常生活中会出现很多不切实际的、超出自身能力范畴的愿望，比如，开地铁，或者帮妈妈烤鱼。面对这些现实的挫折，他的应对方式之一就是在自己的假扮游戏中实现这些未被满足的愿望。同时，他可以在假扮中忘掉自己的渺小和无助，呈现出一个强大而有力量的形象。这对一个孩子的自信与自我认同的发展是非常重要的。

## 讨论

无论是从适应现实的角度还是从孩子心理发展的角度看，游戏在这个过程中都发挥着非常重要的作用。而游戏活动的可贵之处在于，它是孩子们自己创造出来的一个活动。孩子们可以根据自己的需要和现实状况任意发挥。照料者给予他们多大的空间，孩子们相应地就可以在其中发挥自己多大的主动性。在这样的一个过渡空间里，孩子们慢慢地从自己的幻想世界走进现实，慢慢地适应一个又一个新的变化与挑战。他们的成长就像一部在现实与幻想之间来回穿梭的玄幻电影，他们既是导演，又是主角，而我们则是他们的观众。我们支持、理解、不干预的态度是对孩子最大的支持。在游戏的魔法世界中，我们可以看到孩子的更多可能性。

最后，我将我最喜欢的温尼科特的一句话与大家分享："不要忘了去游戏，去梦想，去创造，这是世上最严肃的事情。"

## 参考文献

安妮·拉弗尔. 百分百温尼科特. 王剑，译. 桂林：漓江出版社，2015：51-58.

Joyce, A (2005), *Two to three years old: senior toddlers*. In Rayner, E, Joyce, A, Rose, J et al., Human Development: An introduction to the psychodynamics of growth, maturity and aging. London: Routledge. 2005: 116-117.

# 老师，请和我一起变得"足够好"

杨希洁

## 引言

"足够好的妈妈"是温尼科特提出的概念。这个概念包含一项重要之意，即足够好的妈妈会让婴儿感觉自己是世界的创造者，而不是过早地破坏他的这个想象。因此，足够好的妈妈总是尽量地、及时地满足婴儿的需求（Winnicott, 1960）。在参加"幼儿观察"项目之前，我一直认为，足够好的妈妈意味着她是一个天性敏感的人，她能够很好地辨识并理解婴儿的非言语信息，能够及时地回应婴儿寻求亲近的行为，能够接受和消解婴儿的攻击行为，并以恰当的方式进行反馈。这些对"足够好的妈妈"的理解，对我影响甚深。

身为教育研究者，当我和学校教师一起工作的时候，我会不由自主地从"足够好"的视角去审视教师的工作：教师能否发现并及时满足儿童的需求？能否接纳并恰当回应儿童的各种积极和消极的情绪行为？成人容易忽略儿童的非言语信息，那么"足够好"的教师能否及时察觉儿童的非言语信息？

从 2016 年 9 月到 2017 年 5 月，我在北京一家幼儿园，对一名 3 岁幼儿——胖胖进行观察。这次的观察经验，让我重新审思自己对"足够好"的理解，也让我意识到，儿童自身拥有的力量，会引导那些关心儿童但可能难以在所有时候都敏感觉察或恰当回应儿童需求的教师，逐渐成长为"足够好"的教师。

## 观察材料

我在一个有 20 名幼儿的班级进行观察。这个班级一共有 3 位年轻的女老师，分别是莉莉老师、青青老师和可可老师。被观察的儿童是一个胖乎乎的小男孩。第一次见到他时，他穿着一双大大的、蓝色的、闪亮的鞋子，莫名地让我联想到我童年时最喜欢的米老鼠，于是我选择他作为观察对象。我的观察时间是每周三（从 2017 年 3 月起改为周四）下午 2:30 ~ 3:30。在这个时段内，孩子们从午睡中醒来，在老师的指导下穿衣、上洗手间，然后回教室吃水果、喝水，最后是自由活动时间。有时，老师也会提早结束自由活动时间，组织孩子们画画、排练歌舞。

和其他孩子一样，胖胖每天都做着相似的活动。但是，在我观察的近一年的时间中，胖胖在不同的时期表现出明显不同的行为举止。根据胖胖的不同表现，以及老师对胖胖的反应，我将观察大致分为四个阶段。

### 第一阶段：害羞的男孩和鼓励型的教师

在观察的前两个半月，作为一名幼儿园新生，胖胖总是静静地观察着他的同学、老师，还有作为观察者的我。他看起来是个肯合作的、友好的小孩，老师说什么，他就做什么，几乎没有和其他小朋友发生过冲突，遇到麻烦时，他甚至不知道求助。与其他开朗活泼的、能够主动表达自己需求的孩子相比，他获得了老师较多的关注。

### 观察片段 1

胖胖快速地吃完苹果后，站起身，把小椅子推进桌子下方后，拿起自己的水果盘走向莉莉老师，并将盘子递给她。莉莉老师说："儿子[1]真棒！这么快就吃完了苹果，还吃得这么干净！现在去拿你的小水杯喝水吧。"胖胖走到壁橱前，拿出自己的杯子。他走到我跟前，盯着我看了好一会儿，但没有露出任何惊讶的表情。（引自第 2 次观察）

---

[1] 原注：在这个班里，三位老师经常把男孩称呼为"儿子"，把女孩称呼为"闺女"，或者把男孩女孩都称呼为"宝贝"。有意思的是，在孩子入园初期，老师叫"儿子""闺女""宝贝"的次数比较多，但随着孩子入园时间渐长，老师便更多地使用名字来称呼孩子。这种称呼可能会给刚入园的孩子带来"安全感"，使孩子逐渐从"家中的宝贝"的角色过渡到"班里的学生"的角色。

**观察片段 2**

我坐在阅读角前面。胖胖首先走到家庭游戏区,但那里已经有 3 个孩子了(老师规定每个游戏区最多只能有 3 个孩子)。于是胖胖离开家庭游戏区,站在教学区中间,盯着门,脸部没有任何表情。可可老师走到他身边,让他去阅读角。胖胖突然哭起来,不肯进去。可可老师问他怎么了,他嘟囔了一句。可可老师让我挪一下椅子。我挪开椅子的时候,发现地上有一对小脚印的图案。可可老师告诉我,进入阅读角的孩子要脱鞋,脱下的鞋子要摆在小脚印上。我明白了胖胖哭的原因,我刚才坐在小脚印上,他没有办法脱鞋。(引自第 3 次观察)

在第一阶段,胖胖是一个安静的、有些害羞的小孩,他需要得到老师更多的积极的支持,让自己变得自信,逐渐地能够主动表达想法,这有利于他融入幼儿园环境。几位老师似乎能够恰到好处地理解胖胖的所思所想,并以适宜的方式对胖胖进行回应。当他表现不错时,比如,吃完水果后将盘子还给老师(见观察片段 1),自己穿上衣服,洗完手安静排队,等等,这时老师都会及时地表扬他;当他遇到麻烦时,比如,不知道如何向陌生人提出要求(见观察片段 2),杯子的水洒在桌子上,玩具被抢,等等,这时老师通常会及时地发现并帮助他解决问题。到了 10 月,胖胖有了一些转变,他开始主动地和其他人交流,也能够表达自己的想法了。他每次看见我时会对我笑;老师分糖水给大家喝时,他会说"这水太多了";如厕完洗手后他对同学说"我们要'锁'上小手"(指双手交握,老师要求孩子洗手后双手交握,防止孩子又弄脏小手)。

## 第二阶段：寻求关注的男孩和教导型的教师

这一阶段也维持了两个半月，此后迎来了寒假。这期间，胖胖比以前更加活泼了。他的声音和其他小朋友的不太一样，听起来有点沙哑，因此我能够轻易地从众多声音中分辨出他的声音。他的话语比以前多了，在小朋友排队上洗手间、回教室的时候，他总在说话。他比以前更加关注老师的动向，总是不停地看老师在哪里。但在这一时期，老师却不似第一阶段，她们主动帮助胖胖解决问题的次数变少了，在和胖胖交流时，也更多地采用指导式话语告诉胖胖怎么做。

### 观察片段3

胖胖一边说话，一边剥香蕉皮。很显然，他不知道怎么做。青青老师走过来，看了一会儿后说："胖胖，不要从中间剥，要从两头剥。你看看其他小朋友怎么做。"然后老师就走向了另一张桌子。胖胖四处看了看，依旧用老方法剥皮。（引自第11次观察记录）

### 观察片段4

胖胖正在费劲地穿衣服……很显然，胖胖在穿夹克衫方面有困难，他试了七八次都没有成功穿上衣服。他看起来累了，于是坐到小椅子上，不再试图穿衣服，脑袋转来转去地看老师。其他孩子有的说话，有的哭闹，老师穿梭在小床铺之间忙碌。有时老师也会经过胖胖身边，但并没有注意到胖胖抬手示意求助的动作。青青老师在另外一排小床那里整理床铺，她突然看到胖胖，问道：

"你怎么还没穿衣服呢？"胖胖说："我不会穿。"青青老师一边继续整理床铺，一边说："你先抓住衣服的领子，对了，抖一下，现在把衣服甩到后面，老师不是教过你们了吗？再甩一次。好！现在把手套进袖子里面。自己扣上扣子吧。"胖胖在老师的指导下，终于穿上了衣服，但穿得不平整。（引自第14次观察）

### 观察片段5

胖胖一边啃哈密瓜，一边和同组的两个男孩说笑。我听不清他们说的内容，但胖胖的笑声很大。莉莉老师对胖胖说："胖胖，吃水果的时候不要说话，不要笑，会呛到。"胖胖看了老师一眼后，低下头大口吃瓜。但很快地，他又开始和其他男孩说话，还咯咯地笑起来，眼睛时不时地瞟一下老师。莉莉老师和青青老师正在准备一些活动材料，莉莉老师转过头，看了一眼胖胖，又转过头和青青老师继续讨论。胖胖一直边笑边吃哈密瓜，还推搡了同学，但被推的男孩没有表现出不高兴，而是继续吃瓜。（引自第14次观察）

从上述列举的三个片段中，我们可以看出，老师对胖胖的行为反应明显不如第一阶段及时。这可能是因为老师认为胖胖已经融入了幼儿园，他不再需要之前那样的细心照料；也可能是因为老师要指导儿童学会自理，学会听指令，这是她们的工作内容之一。但是，这一阶段的胖胖看起来依然非常需要老师的及时关注和反应。当他的需求被忽视的时候，他是否会觉得孤单和无助？

在幼儿园的环境中，老师也承担着"安全基地"的角色。如果老师总是指导孩子要做什么和怎么做，孩子难以获得足够的安慰和鼓励，那么孩子会不会觉得自己不够好？老师不喜欢自己？会不会认为进入"安全基地"的前提是自己要引起老师足够的注意？就如同胖胖，他总是以各种声音、小动作来吸引老师的注意力。

**第三阶段：淘气的男孩和训导型的教师**

经过将近一个月的寒假，当我再次进入幼儿园的时候，听到几位老师在谈论班上有哪些淘气的孩子，胖胖也是其中之一。

### 观察片段6

胖胖走近阅读角，阅读角那里已经有2个男孩了。他取下一本书，但他没有看书，而是拿着书用手抢。抢书的时候，书的一角碰到了站在胖胖背后的另一个男孩的额头，男孩哭了起来。但胖胖并不知道发生了什么，听到哭声，他转过身，好奇地看着。可可老师走了过来，问发生了什么事。哭泣的男孩说胖胖打了他，胖胖否认。于是老师问第3个男孩："你说说，刚才发生了什么事情啊？是不是胖胖打人了？"有趣的一幕发生了。第3个男孩在老师刚开始问话的时候，右手食指在胖胖和哭泣的男孩身上来回指，但等老师问是不是胖胖打人的时候，这个男孩就把食指的指向定在了胖胖身上。于是可可老师蹲下来，对胖胖说："你看看，小力都说你打人了，你还不承认。这是不对的。胖胖，咱们道个歉，知错就改，我们还是好孩子！"胖胖一脸茫然地向哭泣的男孩说了句"对不起"。（引自第17次观察）

## 观察片段7

胖胖来到"娃娃家",和一个小女孩玩做菜游戏。小女孩先做了一盘"菜",端到胖胖面前,胖胖配合地张开口"吃",还发出"阿姆阿姆"的声音。小女孩要继续做菜,胖胖去抢盘子,说:"该我来做了。"小女孩不让,于是胖胖举起拳头,说:"打你!"小女孩特别快地拍打胖胖好几下,然后抓着盘子不说话。胖胖一手抢盘子,一手推小女孩,还转头朝老师的方向大声地发出"哼哼哼嗯嗯嗯"的声音。可可老师走过来,说:"胖胖,丁丁怎么了?"胖胖说:"她打我!"小女孩不甘示弱,说:"你抢我的玩具!"可可老师说:"你们俩都没有遵守游戏区规则,谁也别说谁。"胖胖听后,更大声地哼唧,开始双手抢盘子。可可老师说:"胖胖,你不能这样!你到座位上坐下,冷静一会儿!"胖胖满脸不情愿地离开了。(引自第17次观察)

对胖胖而言,"淘气"行为可能是无意造成的(见观察片段6),也可能是未掌握适当的社交规则造成的(见观察片段7)。对老师来说,她们看见孩子"淘气"之后,通常做的事情是纠正孩子的言行。如果恰好是男孩,那么老师更有可能用直接的、严肃的方式进行批评指正。在这一时期,老师对胖胖说得最多的话是"胖胖,你能不能吃得快点?""不要那样做!""请不要说话,按老师说的做!"老师在训斥胖胖的时候,尽管保持着和缓的语气,但她们确实不再像以前那样细心地、耐心地对待胖胖了。对胖胖来说,"足够好"的老师似乎消失了,我看着他变得不开心、焦躁。吃水果时,他的速度比上学期慢得多,他总是咀嚼水果但不下咽；他不停地说话；他总向其他孩子以及我做鬼脸；有时他碰撞到别人却不道歉。遇到一些特殊时期，比如，家长开放日、母亲节，老师会组织孩子们学唱歌曲或舞蹈，或者让孩子们画画，但胖胖总是自己做自己的事情，对老师组织的活动并不投入。

**第四阶段：合作倾向的男孩和积极支持型的教师**

这一阶段从 2017 年 4 月中旬持续到 2017 年 6 月初。这一阶段发生了令人难以置信的积极变化。我的第 21 次观察是在 4 月 13 日进行的。在那之前，由于出差，我缺席了两次观察。这意味着我隔了 21 天才再次见到胖胖。我不知道在那段分离时间中发生了什么事，使胖胖发生了如此巨大的改变。

### 观察片段 8

可可老师说："去拿吧！"孩子们都起身去矮柜拿取玩具。有几个孩子在柜子前挤来挤去，可可老师说："要排队，一个一个拿！"胖胖排起队，还被一个男孩往后挤了一个位置。胖胖看了一下老师，发现老师没有看他，他开始和插队的男孩说话，但没有表现出不高兴的表情。他一边排队，一边伸头看着其他人拿的玩具。突然，他大声说："我也要这个！"拿到一盒看上去像小型积木的玩具的孩子说："这是我的，你没有。"胖胖嘟囔着"会不会没有我的"，直到他取玩具。他在柜子前走来走去，找他想要的玩具，最后拿了一盒雪花插片玩具，回到座位。他很快搭起了一座看起来像大风车的造型，拿给同组的其他小朋友看。只有一个

| 第三章　幼儿观察 |

男孩和一个女孩看了他的玩具，男孩还说了几句话，之后就低下头继续拼接自己的作品。胖胖转头看正在教室巡视的莉莉老师，举起了自己的作品。莉莉老师发现了他的动作，快步走了过来，拿起胖胖的作品，问他是什么。胖胖说了一些话，我没有听清。莉莉老师听完后，说："不错！拼这么快！再来一个！"胖胖又说了一些我没听清的话，然后莉莉老师说："可以！"于是胖胖满脸笑容，又拿了一些插片在原来的作品上插起来。（引自第21次观察）

在第21次观察时，胖胖的很多行为都出乎我的意料。当我看到胖胖被其他孩子插队，没有拿到自己想要的玩具的时候，我以为他会吵闹，甚至和同学发生推搡，但胖胖的表现和我当时的推断完全不同。在第四阶段，胖胖变得听从老师的指令，能够和其他小朋友一样开心地完成任务，有时还会帮助其他小朋友。他显得比以前开心，这在用餐时间表现得尤为明显，他吃得仍不快，但不像前一段时间，总是咀嚼而不下咽，也不会总被食物噎到，吃点心不再像完成"进食任务"，而是变成一件可以享受的事情，他认真地品尝食物，不再总把注意力放在其他小朋友或老师身上。

老师的行为也发生了变化。老师依然要求胖胖做自己的事情。但她们会走到胖胖的身边，用一对一的方式，以温柔的语气提示他，而不是像第三阶段那样，总是站在远处大声地告诉胖胖要做什么、怎么做。在提示的时候，老师更多地采用表扬、鼓励的方式指导胖胖。

在第25次观察时，我提前到了幼儿园。在教室等待孩子午睡醒来的时候，可可老师和我说起了班上的孩子。她说最近孩子们成长得特别快，有几个孩子尤其明显，比如，胖胖，他变得比以前听话，和小朋友相处也不怎么发生争执了。

最后一次观察结束离开时，我和所有的小朋友说再见。胖胖挥着小手，用他独特的沙哑声音大声说："老师，再见！"老师们也微笑着和我道别。看起来，在幼儿园第一年的最后一段时期，无论胖胖，还是老师，都找到了彼此适合的相处方式。

## 讨论

至今，我都不知道是什么促使胖胖在最后一个阶段发生了那么明显的变化。观察结束后，我在 2017 年 6 月下旬参加了一次学校[1]活动，听到校领导说他们的老师经常参加各种培训。是不是在我出差的那段时期，老师参加了某类培训，从而使胖胖发生了变化？还是胖胖先改变了自己，进而改变了老师？

当我重新回顾一年的观察记录时，我惊奇地发现，在胖胖和老师之间，似乎是胖胖，而不是老师，主导了双方的交往。当胖胖是个害羞的男孩时，老师会温柔地对待他，总是鼓励他。当他变得淘气时，老师开始指导他的言行。当他违反规则时，老师开始规范他的行为，有时还采取批评的方式教导他。这些让我感到惊讶，我开始意识到，我低估了儿童的力量。尽管很多书都告诉

---

1 原注：这家幼儿园隶属某所九年制学校，我因工作之故，应邀参加了学校的活动。

我们，任何一段关系都是双方共同构建的，但我之前一直认为，在幼儿园，是由老师主导互动，然而经过此次幼儿观察，我切身地体会到儿童同样具有强大的、可以引导自己和成人共同构建一个和谐关系的力量。正如胖胖，他总在尝试营建一种他所期待的和老师互动的方式，当他发现某种努力失败时，他就开始调整自己的方式。在经历过第二、三阶段那样的艰难尝试后，他终于找到了一种适合的方式。

观察给我带来的最大的影响是，它使我重新思考"足够好"究竟意味着什么。尽管我倾向于认为，在胖胖和老师的交往中，是胖胖，而不是老师占据主导角色，但这并不意味着老师不是"足够好"的老师。"足够好"，对不同的人而言，在不同的文化、不同的情境下，其内涵应有所不同。

在我们的文化中，教师的天职是"教"，教师的形象很多与"严肃"相关。幼儿园教师也不例外，他们要帮助幼儿理解并遵守规则、听从指令。一些我当时认为是教师规则多、要求高的行为，实际上是幼儿园教学中应有的部分。

当我处在第二、三观察阶段时，我的内心是焦虑的，因为我认为教师没有及时察觉胖胖的需求。但是，我忽略了这个班上有20个孩子的事实，教师难以在第一时间注意到每个孩子的需求。在不同时期，教师关注的孩子是不同的。在观察的第一阶段，胖胖是教师的重点观察对象之一。到了第二阶段，教师关注更多的是其他几个孩子。在第三阶段，由于胖胖"淘气"，教师又重新关注了他，但他们的回应方式并不适合胖胖。到了第四阶段，教师再次调整了自己的行为，采用适合胖胖的沟通方式与其交流。此外，回顾观察记录时，我也注意到，教师从来没有大声地训斥过胖胖，从来没有用过侮辱性的言辞。对于这样能够做到尊重儿童的教师，即使他们在某一阶段的表现显得不怎么"足够好"，但他们有能力接受儿童的指引，调整自己，逐渐去适应儿童的需求，最终成为对这个儿童"足够好"的教育者。换言之，我们不能将教师从大的环境背景中剥离出去，用一个刻板的"足够好"的概念来评估教师行为。

## 参考文献

Winnicott, D W (1960). *The Theory of the Parent-Infant Relationship.* In Int. J. Psycho-Anal., 41: 585-595.

# 第四章

# 婴幼儿观察与临床实践

本章对观察性学习在临床工作中的应用进行了探讨，主要包含以下内容。

1. 郑凯在《婴儿观察中的身体反应和躯体反移情》一文中，饶有趣味地分析了在婴儿观察和成人心理咨询里，有关观察员/咨询师的躯体反应与婴儿/来访者的无意识的微妙关系。

2. 尼迪娅·利斯曼-皮桑斯基、佩姬·蒂尔曼（Peggy Tilghman）和梅根·特尔非尔（Megan Telfair）在《亲子小组的力量：观察促进母亲们的转化》中，分享了如何把观察技术应用在小组工作里，这是关于此类型的咨询工作在国内少见的中文材料。

3. 施以德在《从婴幼儿观察到亲子和儿童心理咨询》里，分享了观察性学习如何帮助咨询师提高对反移情的觉察。

4. 巴彤在《请个月嫂：婴儿、母亲和月嫂的内在世界》中，分别用婴儿观察和临床材料，分享了对一个具有中国特色的现象——月嫂——的理解。

# 婴儿观察中的身体反应和躯体反移情

郑 凯

"身体里有一个非常早的记忆，觉得自己是一粒种子，蜷缩在幽暗密闭的空间里。仿佛听得到一点水和空气流动的声音，感觉到一点仿佛是心跳的脉动，我的心跳，或是母亲的心跳，由一根脐带连接着……那记忆似乎不是大脑的记忆，而是身体的记忆。大脑的记忆会遗忘，身体的记忆却永远烙卬在皮肤、肌肉、骨髓之中。"

——节选自蒋勋《身体记忆 52 讲》

人类身体的反应在受精卵开始分化时就已经开始，正如作家蒋勋在上述文字中描述的一样，身体不仅对它的周围环境有反应，而且还记住了这个过程，并始终伴随人的成长。在精神分析理论和技术的发展历程中，尽管精神分析师们对言语的关注远多于对身体的关注，但我们仍然可以看到很多精神分析师对身体和心理的重要描述。弗洛伊德（1923）在《本我与自我》（*The Ego and the Id*）一书中首次提到精神分析中的躯体因素，他认为最初和最重要的自我是躯体自我；桑德尔·费伦齐（Sándor Ferenczi, 1913）在描述自恋发展过程时，也强调儿童通过魔法式的身体姿势来获得全能感；荣格（Carl G. Jung, 1935）在塔维斯托克诊所与比昂的交谈中提到"心理现实和身体现实间以一种独特的方式联系在一起……我们把它们看成两个部分是因为我们的心智完全没有能力把它们放在一起思考"；克莱茵（1930）则认为婴儿的原初焦虑最初是在身体里的感受经验；温尼科特（1971）提到，通过适当的对待，婴儿开始接受身体作为自我的一部分，感受到自我蕴藏并遍及整个身体，等等。中国文化中对身心间相互关联的描述也早已被人们熟知，比如，中医强调身与心相互影响，身体的伤害可能会引起精神上的损伤，精神的损伤可能又会表现为身体的疾病等。

精神分析师对心理发展以及相关理论的深入理解，大多是在经年累月接待病人的基础上逐步掌握的，而埃丝特·比克独创的婴儿观察则让我们有机会通过直接观察婴儿来理解个体心理的发展过程。身体是婴儿观察中最直接参与其中的内容，不仅观察者会直接观察到婴儿的身体，婴儿也会看到观察者的身体，尽管这个时候婴儿可能还无法整体性地感知观察者的身体。在前言语期，身体反应作为一种象征性的语言在婴儿与养育者间的情感交流中扮演着重要的角色（Meurs & Cluckers, 1999），即使是成人，在他们与他人进行互动时，身体也是参与其中的，只不过更多的是在自动化和无意识地运作着（Dosamantes, 1992）。本文将通过婴儿观察材料来探索婴儿的身体反应与婴儿-养育者互动模式间的关系，以及观察者在焦虑情境中的身体反应，并进一步探讨临床情境中咨询师时常出现却未被足够重视的躯体反移情。

|第四章 婴幼儿观察与临床实践|

## 婴儿的身体反应：未消化情绪的表达

当产科医生看到婴儿从母亲的身体里被分娩出来的那一刻，医生的脑海里会立刻冒出来"这是个男婴或女婴"的想法，因为医生看到了婴儿身体的重要部位：生殖器。婴儿也是以他的身体为基础来发展他的自我功能和性别角色的。我们知道，在婴儿的发展过程中，不仅有身体的发展，心理的发展也在同步进行。无论从生物本能、客体关系还是从自体发展的角度来理解婴儿的心理发展，婴儿的身体都不可避免地参与其中。在婴儿发展出语言之前，身体在婴儿与重要养育者间的情感互动中起着重要的作用，尤其是在某些情感层面的互动受到干扰时，鲍尔比（2005）曾在他的依恋理论中提到，躯体化症状的出现是婴儿与重要养育者关系受到破坏的重要证据。下面我将用婴儿观察的材料来尝试说明这一点。

当我回顾观察中的身体反应时，我突然发现，在第一次我和介绍人一起去家庭拜访时，与身体相关的话题就已经呈现出来了。我记得那是一个初冬的傍晚，我和介绍人一起进入家庭时，由于室内外温差较大，我的两个眼镜片瞬间模糊了。因此，介绍人说我们身体有些凉，在客厅里等一会儿再进入卧室看婴儿，以至于后来我在天气冷的时候去观察婴儿时，都会在客厅里等一会儿暖暖身体。我们可以想象，冷的身体是让人感觉不舒服的、有距离的，不热情、不温暖、缺乏关心，似乎是具有一定破坏性的。在我的观察情境中出现的一些互动模式可能让婴儿体验到了这样的感觉。

我站在小床旁边，看到 2 个多月大的小宝的小手不停地动起来，似乎要往外伸，反复地重复这个动作。还发出哼哼的声音。慢慢地，他的声音大了起来，我看到他的眼睛似乎睁开了。动作越来越大，声音也越来越大，这时妈妈进来了，我换到离小床远一点的位置。妈妈看了他一眼，然后很流畅地给他换了尿不湿，在整个过程中一句话也没和他说。换完后，小宝还是哼哼唧唧。妈妈拿着奶瓶出去了，不一会儿，拿了一些水回来，给小宝喝，小宝喝上水就稍微安顿了一些。妈妈自顾看手机。喝完水后，妈妈下床去送奶瓶，我看到小宝睡在床上，不停地摇动小手。不久，妈妈又进来坐在床上，还是一句话也不跟他说，就这样过了大概 20 分钟……

　　小宝躺在床上突然哇哇地哭了起来，爸爸说："让他一个人哭闹一会儿，我们出去吧。"妈妈也说："看着他，他以为在跟他玩。"妈妈出去了，说她去看看电脑，爸爸去了厨房开始做饭。我看着小宝，他明显表现出不安了，他发出这样那样的声音，头是朝着客厅的位置，好像要呼喊，但没有任何效果。他更加不安了，双手、双腿蹬着、闹着。我看着他，心里顿时感到非常不舒服……大概过了 5 分钟，小宝按捺不住了，终于哭了出来。他的哭声让人能够非常明显地感受到他在呼唤，也能听出来一些伤感。就这样哭了一会儿，爸爸放下手中的活，进来抱起小宝，小宝立即不哭了。

　　"小宝一直在吃手，"妈妈对快 4 个月大的小宝说，"你就喜欢吃手。"爸爸对我说："你上周来时，他脸上都没有了吧，这周又起了。"我走到更靠前一点，看了看小宝，我清楚地看到了他嘴角附近的湿疹，这次好像比以往都要严重，红色更加明显。妈妈说："你看你自己的口水弄的。"妈妈给他的耳朵上擦了点药膏，爸爸问："是强力的吗？"妈妈说是，擦完就把药膏扔到床上的小筐子里了。小宝有些累了，爸爸把他翻了过来。小宝一直在吃手，于是爸爸把奶瓶拿过来给他吃，但并没有吃多少。妈妈说："让他一个人待会儿吧……"小宝吃得并不是很香，喂了半天也没怎么吃。妈妈又走到床边，看着小宝，这个时候我看不到小宝的嘴巴和表情，只是觉得他吃得并不是很香。"待会儿再给他吃吧，让他一个人待着吧。"妈妈说。这是妈妈第二次这么说。

在上述的观察片段中，我们可以看到，很多时候，婴儿在互动中用身体，如嘴巴、皮肤、眼睛、身体动作、声音等，来表达内在心理状态的画面。观察中的养育者也对婴儿的身体信号保持敏感。大部分情况下，这种互动是协调的，即养育者能够比较准确地解读婴儿的信号，并给予及时的回应。婴儿也是以此为基础，对外在环境形成基本的安全和信任体验，对他人和自己也逐渐有所了解。从依恋的角度来看，这样的互动也促进婴儿逐步发展调节情绪的能力。然而当婴儿的情感需要得不到准确回应，或婴儿的内在世界无法被养育者理解时，身体就会自动化地开始保存和表达情绪体验。

在最初的3个月的观察情境中，当婴儿哭闹时，观察员时常听到养育者对此这样回应："让他一个人待会儿。"他们也会阻止祖父母抱起哭泣中的婴儿。养育者在用他们自己头脑中认为的合适且有利于婴儿成长的方式来处理婴儿的哭闹。而无论是比克、比昂（Waddell,1998）还是温尼科特（1960）都认为，当婴儿哭泣时，如果养育者能够尽可能地去倾听哭声所传递的意义，并以此来指导自己的行为，这样的反应可能会更加贴近婴儿的需求，婴儿也会比较容易被安抚，在生命最初的阶段尤其如此。如果婴儿发出的信号总是没有被养育者读懂或总是没有得到及时的回应，婴儿可能会体验到一种焦虑感。如果这种焦虑持续存在而且没有被有效地安放，最终它会让婴儿被焦虑淹没。然而，这种未被看到也未被理解的情绪并没有消失，而是借助身体作为语言，来进一步告诉养育者，他们的情绪或需求需要被关注。弗洛伊德在早期与癔症病人工作时就意识到身心间有着紧密的联系，身体也会说话，并讲述它自身的故事。而在我所观察婴儿生命的前6个月里，他反复出现了明显的湿疹，遍布嘴角、下巴、额头和耳朵周围，尤其是在有一方养育者外出，或在祖父母与外祖父母间更换照料时期。跟其他婴儿一样，他的身体可能也在诉说着一些那时无法言表但又未被消化的情绪。

## 观察者的身体反应：躯体的记忆与再表达

在观察婴儿及其与照料者的互动时，观察者自身的情绪也很容易被调动起来，尤其是在与观察者个人成长议题相关的某些瞬间。当这些被压抑的情绪与本能性的问题有所关联而又未被修通（Samuels,1985），或者与前言语期或儿童期创伤经验相关的话，就会更加容易激活观察者的身体反应（McDougall, 1979; Jacobs, 1973）。因为躯体对强烈的、占据优势的情绪体验是有记忆的，而且在某些相似的情境下会再次流露出来，这可能是一种强迫性的再表达，也可能在幻想中期待着能够被理解。

小宝现在睡着了，爸爸妈妈都离开了卧室，并关上了门，现在房间里只剩下熟睡的婴儿和我……大约5分钟后，小宝醒来，并开始用手拽身边的东西，他在拽枕头时身体也渐渐地向右侧斜移，很快就翻了过去。我换了一个位置，走到房间里面一点，看到他趴在床上只翻了一半。他想继续翻过去，但我发现他的右手卡在里面了，左手还没有足够的力气支撑身体，让他的右手移过来，他在很用力地、不停地尝试翻身，但都没能成功。在翻的过程中，他发出"啃啃啃"的声音，爸爸在外面吃饭，听到了声音进来后说："他自己在翻身啊，让他自己翻一会儿。"说完就出去了。小宝接着又去尝试，做不到时又发出这个声音。我能够感受到他非常用力，也很辛苦，但被自己困住了……我看到他被困在那儿，被卡住的右手肯定不舒服，心里挺着急的……

神经科学家发现，当观察员观察他人的某个感受或感知觉时，观察员的大脑被部分激活了，好像观察者就是那个体验者。观察员在上述观察片段中出现了类似的体验。观察员在刚看到上述场景时感到很有趣，但随着婴儿一直无法顺利翻身，让观察员开始持续地手心出汗、腿部发抖，感到非常焦虑不安。因为观察员认为婴儿处于真实的危险中。这种焦虑与观察员对这一情境的内在幻想——婴儿被卡住了，他会有呼吸困难，可能面临生命危险——相关。因为观察员自己出生在寒冷的冬天，他的父母总是给他盖上厚厚的被子以确保温暖。同时，他们也担心这样会不会闷死自己的孩子，而在半夜经常会检查孩子的呼吸是否正常。这种焦虑的情绪体验也传递给了观察员，让他在这样的相似情境中感到异常紧张。这是一种对过去创伤情感的再体验，并且是用身体来表达，这样的反应在过去与现在、幻想与现实间交错呈现，既可以帮助观察员理解自己，同时也可以较好地理解婴儿这个时刻的内在体验。

## 咨询师的身体反应：躯体反移情

在观察情境中，婴儿和观察者在某些情感互动过程中会自然而然地产生身体反应，心理咨询情境中也是一样，咨询师与来访者在谈话过程中也会引起彼此的身体反应。莫·罗斯（Mo Ross, 2000）把咨询师在与来访者的工作过程中被激活的身体反应称为躯体反移情，它是咨询师和来访者间无意识层面互动的重要表现形式。尽管安德鲁·塞缪尔（Andrew Samuel）在 1985 年研究咨询师的反移情反应中考虑到了躯体方面的元素，但在精神分析领域中，咨询师的身体仍是一个被忽视的主题，无论在学术研究层面还是在临床工作中（Athanasiadou & Halewood, 2011）。乔伊斯·麦克杜格尔（Joyce McDougall, 1974）等人曾指出，现有的文献中大多聚焦在来访者的身体上，就好像咨询室里只有来访者一人，而咨询师成了空气一样。作为咨询师，我们需要认真地对待自己的身体反应，就像在婴儿观察中看到的一样，身体中蕴含着很多有意义的信息，同时，身体也是一个人主体性的基本体现（Shaw，2004）。我们知道，想法、情绪、冲动、幻想等形式的反移情对临床工作有很大帮助，咨询师的身体反应作为反移情的一种形式，也提供了理解病人的丰富信息（Gubb, 2014）。我将描述一个简短的案例来说明临床工作中咨询师身体反应的价值。

小韬是一名男性大学生，在心理咨询面谈中，他述说自己小时候经常无缘由地遭受家人的打骂。不幸的是，上了中学后，又因不认真听课而经常受到老师的体罚。小韬在访谈中总是滔滔不绝地谈论自己，比如，他如何运用心理学和管理学的知识来理解身边的人和事，他和宗教间的关系以及宗教如何帮助了他，以及他在亲密关系和性的态度上的困惑和矛盾，等等。尽管小韬可以很有逻辑地讲述，但每当我坐在他旁边听 20 分钟左右后，就会感到非常疲倦，好像他讲的信息无法进入我的脑海里一样。当我察觉这样的状况并努力调整自己后，发现听他讲述仍然是一件非常困难的事，同时我感到自己要立即冲向卫生间解大便。

在第一次有去卫生间冲动的时候，我真的提前了 5 分钟结束访谈，因为我感到实在忍不住了。就像温尼科特（1949）所言，临床中的躯体化现象是见诸行动的一种形式，我似乎是对这种见诸行动再行动了。可见在访谈中，我被激起了非常强烈的情绪体验,但在前两次我对此并不知情。在我第二次有这样的身体反应后,我感到有些疑惑,因为我基本上每天早晨都会很规律地排便,而且这样的反应在其他时候并没有出现过。随着对此现象的进一步观察和思考,我发现在访谈中我的身体反应可能是一种躯体反移情。在下一次见面会谈中,他同样在不停地讲,但我听起来很费劲,后面又开始有要去大便的感觉。这个时候我打断了他,我问他:"在你的生活中,你会有一种急切地想把某些东西排出去的冲动吗?"他停了停,望着我说:"是的。我一直都想摆脱自己那些痛苦而又感到羞耻的体验。我不知道跟谁说,也不知道怎么说。它们就像长在我脑子里的瘤一样,它对我有害,我真想把它割掉,但我又担心会不会是恶性的……"当他这样讲述的时候,我发现自己也开始慢慢地听进去了。小韬在这个时候有了机会去谈论藏在内心深处的情绪体验,我也不需要通过排便来腾出更多的空间了,因为小韬无意识传递过来的信息已经开始被我接收到,并且我对此有了一些思考和回应。

## 结论

臧克家的诗句中有这样的表述:"有的人活着他已经死了,有的人死了他还活着。"我们知道,这是一种对"精神"的价值的充分肯定,但从另一个角度来看,它似乎忽视了身体的重要性。精神分析的一部分工作就是去理解那些所谓活着却像死了一样的人,我们仍然相信他们的身体在表达他们的想法、情感、创伤和思想等。身体本身就是一种语言，它总是在"说话"，在观察性学习项目中发展出来一种"听懂"并使用这门语言的能力，让我们得以通过来访者们借由身体语言表达的无声的信息，理解他们在人生发展中经历过的困难。而这样把躯体反移情包括进来的临床实践，使我们对自己的身体和自己的工作能力感到满意，也逐步能够更好地利用它来服务他人。

## 参考文献

蒋勋. 身体记忆52讲. 台北：远流出版社，2016：11-14.

朱迪思·拉斯廷. 婴儿研究和神经科学在心理治疗中的运用——拓展临床技能. 郝伟杰，马丽平，译. 北京：中国轻工业出版社，2015：111-128.

戴维·J.威廉. 心理治疗中的依恋——从养育到治愈，从理论到实践. 巴彤，李斌彬，施以德，等译. 北京：中国轻工业出版社，2014：391-411.

Athanasiadou, C, Halewood, A (2011). *A Grounded Theory Exploration of Therapists' Experiences of Somatic Phenomena in the Countertransference*. In European Journal of Psychotherapy & Counselling. 13(3): 247-262.

Bowlby, J (2005). *The Making and Breaking of Affectional Bonds.*

London: Routledge. 150−188.

Dosamantes, I (1992). *The Intersubjective Relationship between Therapist and Patient: A key to understanding denied and denigrated aspects of the patient's self.* In The Arts in Psychotherapy. 19: 359−365.

Freud, S (1923) .*The Ego and the Id. In Standard Edition.* London:Hogarth Press. 3−66.

Ferenczi, S (1913). *Stage in the Development of the Sense of Reality.* In Ernest, J (Ed.), First Contributions to Psycho−analysis. London: Hogarth Press. 213−239.

Gubb, K (2014). *Carving Interpretation: A case of somatic countertransference.* In British Journal of Psychotherapy. 30(1): 51−67.

Jacobs, T J (1973). *Posture, Gesture and Movement in the Analyst.* In Journal of American Psychoanalytic Association. 21: 77−92.

Jung, C G (1935). *The Tavistock Lectures.* CW I8 Klein, M (1930). *The Importance of Symbol Formation in the Development of the Ego.* In International Journal of Psycho−Analysis. 11: 724−739.

Mcdougall, J (1978). *Primitive Communication and the Use of Countertransference.* In Contemporary Psychoanalysis. 14(2): 173−209.

Mcdougall, J (1974). *The Psychosoma and the Psychoanalytic Process.* In Shaw, R (Ed.), The Embodied Psychotherapist: The therapist's body story. London: Brunnel−Routledge. 7−50.

Meurs, P, Cluckers, G (1999). *Psychosomatic Symptoms, Embodiment and Affect Weaving Threads to the Affectively Experienced Body in Therapy with a Neurotic and a Borderline Child.* In Journal of

Child Psychotherapy. 25: 70-91.

Ross, M (2000). *Body Talk: Somatic Countertransference*. In Psychodynamic Counselling. 6: 451-467.

Samuels, A (1985). *Countertransference, the "Mundus Imaginalis" and a Research Project*. In Journal of Analytical Psychology. 30(1): 47-71.

Shaw, R (2004). *The Embodied Psychotherapist: An exploration of the therapists' somatic phenomena within the therapeutic encounter*. In Psychotherapy Research. 14: 271-288.

Waddell, M (1998). *Inside Lives: Psychoanalysis and the Growth of the Personality*. London: Routledge. 29-45.

Winnicott, D W (1949). *Mind and Its Relation to the Psyche-soma*. In Br J Med Psychol,1954. 27(4): 201-209.

Winnicott, D W (1960). *Chapter 3: A Theory of the Parent-Infant Relationship*. In International Journal of Psycho-Analysis. 41: 585-595.

Winnicott, D W (1971). *Play and Reality*. New York: New York University Press. 1-34.

# 亲子小组的力量：观察促进母亲们的转化

尼迪娅·利斯曼-皮桑斯基　佩姬·蒂尔曼　梅根·特尔非尔[1]

四年前，我和两位治疗师交流，他们在华盛顿精神病学学院的阿黛尔·勒波维茨儿童青少年中心工作（Adele Lebowitz Center for Children and Adolescents）。至少在这个临床中心，并没有为新妈妈提供获得帮助的机会，而这些妈妈因小婴儿的出生而经历着巨大的困难和痛苦。我本人跟随精神分析传统，我了解与母亲－婴儿及母亲－学步儿小组一起工作是儿科和临床日常实践中重要的一部分，我们开始在华盛顿精神病学学院探索发展这类小组的可能性。

在阿根廷的布宜诺斯艾利斯，南美儿童分析的先行者阿明达·艾贝拉斯特里（Arminda Aberastruy）在1972年提出一个观点，即对母亲及其婴儿或小学步儿一起治疗能够加深他们对母婴关系的理解。艾贝拉斯特里还认为，联合治疗能够为母亲提供安全的环境，有助于对她和孩子的关系中淹没性的矛盾情感进行自我探索。她还发现，很多母亲因生活中孩子的存在而感到"被攻击"。做母亲会引发多种原始焦虑和孤独感，感觉生育前的二人世界被第三方侵入，进而引发丧失。对丧失的哀悼过程包括理解、接受以及应对夫妻二人世界的丧失，拥抱新的、陌生的家庭结构

---

[1] 译注：本文原文为英文，由李斌彬、施以德翻译。

中的不确定以及相应的快乐。

我们认为，母婴小组能够帮助母亲理解过去如何侵入当下，以及理解要创造并发现她们自己内心的"母亲"有多么困难，并且它使得母亲有机会在其他母亲、婴儿和治疗师面前分享她们的经验和恐惧。可以说，母婴小组为修通这些困难以及分享自己的发现提供了几近完美的设置。她们有一肚子的话要说，却无法组织语言。我们认为，母婴小组可以促进故事的发展，将散落的内容联系起来重新聚合，并且重新塑造自己。她们之前的经验在被命名后将具有象征性。

尽管我们觉得任何母亲都适合加入此类小组，而且聚焦于婴儿身上，如同我们立足于婴儿观察讨论那样。实际上，在我们的小组中，大部分母亲都经历过产后抑郁，有些经历过强烈的偏执焦虑和（或）有巨大丧失的经历，例如，上次怀孕36周时胎儿死亡；双胞胎中的一个在腹中或分娩时死亡；在原生家庭里有遭受虐待或暴力的背景。在一个例子中，一位母亲遵从计划接受剖腹产后，其生产经历变成了被一分为二的幻想。这位母亲经历了强烈的自恋创伤，因为"没有创造"完美的分娩场景，并且变得非常偏执，认为医护人员"毁了"她变得"正常"的机会。

所有被选入组的母亲都乐于尝试这种新的小组体验，她们中的大部分同时接受个体治疗。在和母婴小组以及母亲—学步儿小组一起工作三年后，我们相信，个体治疗联合这种特殊的小组工作方式会产生明显不同的结果。

根据埃丝特·比克（1964）在伦敦塔维斯托克临床中心发展出来的婴儿观察原则，我们关注模式的形成过程，我们利用精神分析模型去观察母婴这一对心理组合,并将其作为探索个体成分的情境,在这里就是每一位母亲和她的孩子。

小组中的成员以及两位治疗师彼此作为对方的镜子,同时也是对方的投射幕布。有些时候,某位母亲与其他母亲相比会比较突出。总体而言,有机会安全地承认并探索自己对母亲角色的矛盾心理有助于小组内所有母亲分享自己的经验。随着时间的推移,这种矛盾会逐渐变得越来越耐受。

小组作为容器逐渐消化小组内成员间的无法消化的投射。容器是基于比昂(1963)提出的"容纳"的概念。比昂和精神病人以及神经症患者的临床工作证实了克莱茵的结论,即投射机制组成对灾难性焦虑的主要防御体系。这些焦虑是对感觉自我碎片化的反应,和在尚未发展出象征功能的精神装置中存在迫害性客体的反应。比昂将这些被投射的客体和自我碎片称为 $\beta$ 元素。根据克莱茵关于早期母婴互动模型的观点,比昂假设某一特定的母性功能与容纳和修正早期投射有关。比昂称这功能为 $\alpha$ 功能,良好的母性功能包括对婴儿投射的接纳,摄入投射并修正它们,"消化"它们并还给婴儿。一旦婴儿内摄了 $\alpha$ 功能,最终婴儿会自己内摄并进行"消毒",这就是比昂所说的母性容纳功能(maternal containing function)。我们认为,小组治疗师的部分工作就是面对母亲们的投射做个好容器。有些母亲更能够受益于这种工作方式,并获得真正的转化,当然,也有些母亲似乎深陷原有模式的死胡同中而否认自己的真实状况。

## 转化

### 从婴儿到婴儿

摘录：

在小组讨论中，一位母亲（茱莉娅）抱怨自己不到1岁的女儿（黛丽尔）不愿意吃任何固体食物，讨论很热烈，因为另一位母亲已经给几乎同岁的儿子吃小碗麦片圈了，尽管这个孩子吃得很慢，但很享受。

茱莉娅：真奇怪，我儿子好像没有这个问题，但黛丽尔不愿意嚼东西，连麦片圈也不愿意嚼。她倒是吃所有的流体食物，还有菜泥，以及磨碎的食物，可就是不吃固体食物。

凯特：有时这真是件痛苦的事。她肯吃什么？

茱莉娅：就是啊！我不想特意为她做饭，所以我尽量把我们吃的弄成泥糊状，她看起来挺喜欢这样。她比她哥哥更不挑食，但就是不吃任何固体食物，她只会把它们塞到嘴里，可就是不吃。

凯特：你有没有觉得她就是不知道如何咀嚼呢？我记得缇米开始吃固体食物时，好像就不知道该怎么咀嚼。

茱莉娅：也许吧，但黛丽尔就是让我们三个在餐桌前干瞪眼。说实话，我就是觉得她不愿意。她喜欢让我喂她，给她准备特殊的食物，得到更多的关注。

当所有的母亲都全神贯注于这段对话时，婴儿们在母亲们中间的地垫上坐成一堆。缇米正一边慢慢地吃麦片圈，一边玩玩具，只是偶尔关注一下黛丽尔。黛丽尔却很投入地、有意地观察着缇米,她看他的时候,有几分钟身体保持静止坐着的姿势,后来突然坚定地爬向缇米,爬到缇米的身边,继续观察他。母亲们注意到黛丽尔在爬,她们谈话时也在看着黛丽尔,然后又聚精会神地谈话。缇米吃固体食物还不那么熟练,所以当他慢慢地咀嚼时,有几片麦片圈掉到了他附近的地上,他漫不经心地捡起一些,忽略了那些够不着的。黛丽尔继续看着,随后向前探出身子,抓起一片,凝视了一会儿。然后她将麦片圈塞到嘴里,好像她最终下了决心。黛丽尔慢慢地、相当熟练地咀嚼起来。

治疗师:我们谈话的时候,黛丽尔好像在告诉我们一些很重要的事情。我发现黛丽尔刚才吃了一片麦片圈!

茱莉娅:什么?她吃了?

黛丽尔仰头看着她,笑着,把另外一片麦片圈塞进嘴里。见此情景,小组成员都很惊讶,瞬间鸦雀无声,然后又都哈哈地笑了起来。

茱莉娅:哎哟,瞧瞧你,你证明我错了。哎呀,缇米,你一定是个关键人物,你改变了黛丽尔!!!

**从母亲到母亲**

每一位母亲的生活经历都会对小组中的其他成员产生影响。在接受了两年治疗后的一次小组讨论中,当茱莉娅宣布自己怀了一对双胞胎时,治疗师们都很关注。小组中有一位母亲生过双胞胎,不幸的是,其中一个孩子胎死腹中了。另外一位母亲在二儿

| 第四章 婴幼儿观察与临床实践 |

子出生的一年前也有过一个死胎。死亡和丧失孩子的剧烈痛苦都呈现在母亲和治疗师面前。我记得在督导中，临床工作人员告诉我这个消息再次引发小组对这些丧失回忆的"危险"现实。他们也担心这些记忆可能会对怀孕的茱莉娅产生影响。目前怀着双胞胎的她，自己就是同卵双胞胎之一。当她的第一个孩子出生后，她患了严重的产后抑郁症。现在她和第二个孩子在小组里，情况正获得较大的改善，现在我们都好奇怀双胞胎对她有什么影响。茱莉娅和她的同卵双胞胎姐姐出生时都患有先天性心脏病，她们16岁时，姐姐去世了。她的姐姐是个模范女孩，茱莉娅是姐姐的跟屁虫，一切都听姐姐的指挥。姐姐去世后，茱莉娅的母亲突然再也不看茱莉娅了，也不和她说话，她的母亲再也无法正视茱莉娅，因为她和死去的姐姐一模一样。母亲每次看到茱莉娅时都无比震惊。考虑到茱莉娅自己怀着双胞胎以及小组中其他母亲的经历，母亲们和治疗师们都感到危险将至。

尽管很困难，治疗师们还是尝试着等待，如同比昂所说的"没有记忆，没有欲望"。治疗师们试图等待着看茱莉娅和她怀孕之间的关系中会呈现些什么，同样地，也看其他母亲有怎样的反应，以及她们怎样联想到自己的丧失。强烈的嫉羡和对茱莉娅所处困境的恐惧，以及惊讶的情感，弥漫在小组中。慢慢地，当茱莉娅在孕期的最后两个月不得不卧床休息时，小组中的一些母亲被引发出对她深深的思念，她们满脑子都是茱莉娅。虽然茱莉娅缺席了小组讨论，但小组谈论的都是茱莉娅。她的缺席有时被体验为坏事，但整体而言，她被母亲们的心智抱持，并伴随着不确定的、美好的愿望。在茱莉娅分娩后回归小组的第一次聚会里，她把黛丽尔留给家里的保姆，带来了 6 周大的双胞胎，让小组成员惊叹不已。下面就是对那次小组治疗片段的描写。

摘录：

茱莉娅走进房间，两个婴儿被包裹在胸前的吊带里，彩色的布缠绕在外面。两个婴儿在各自的包裹中，像一大块布包着两个分开的子宫囊泡。婴儿们睡得香甜，女孩把前额贴在她哥哥的脸颊上，轻轻地吸吮着哥哥的脸颊。茱莉娅坐到地板上，打开包裹在婴儿身上的布，将婴儿们躺着放在她面前的地垫上。女孩马上有些骚动，男孩慢慢伸展自己，慢慢地、安静地醒过来。茱莉娅轻轻拍着女儿，柔声问她困了还是饿了。她判断女儿饿了，于是拿出奶瓶，把她抱在右臂弯里轻轻地摇晃着，给她喂奶。哥哥有些烦躁不安，当茱莉娅和他说话，用空出的手轻拍他时，整个小组都看着他们。有一位母亲问茱莉娅有四个 5 岁以下的孩子，而且其中 3 个都是 2 岁以下，有什么感受。茱莉娅喂完女儿，轻轻地把她放到地垫上，同时抱起哥哥。茱莉娅开始喂儿子，女儿却哭了起来。茱莉娅抱起女儿，熟练地摇晃着两个孩子，同时喂他们。她很放松地应对着这对双胞胎儿女和这些复杂的流程，这意味着母亲的内心发生了深刻的变化。事实上，她看上去容光焕发。当她说"我现在感觉做个母亲真好"时，我们都谈到她在小组里付出的艰辛努力，在整个过程中转化了自己。茱莉娅继续喂着双胞胎，谈论起双胞胎的气质，说到当孩子还在肚子里时，她就能够感受到这对双胞胎彼此有多么不同。其他母亲全神贯注地看着这位令人感到惊奇的母亲如何轮流照顾自己的双胞胎婴儿，而我

## 第四章 婴幼儿观察与临床实践

们治疗师则觉得她的存在"给我们带来了转化性的影响"。

整个小组都被茉莉娅的回归深深地影响了，治疗师能够看到不同的情绪反应。有些母亲看到茉莉娅成为如此能干而快乐的母亲后，产生了无法忍受的嫉羡。但这种嫉羡里包含着团体对希望的复燃：目睹茉莉娅从抑郁的泥潭里坚强重生，也燃起她们自己对康复的希望。茉莉娅的挣扎仍在继续，而她仍然是一位坚定而重要的小组成员，她个人的转化真实地促进了整个小组的转化。以下是另一个片段，从中可以看到每位母亲对其他母亲产生的深深的影响，而她们自己也能够意识到团体的影响发生在自己的身上。

片段：

卡伦、丹尼斯和安在这个小组已经超过两年了，其中两位母亲经历了因死胎而丧失孩子的痛苦，另一位母亲在第一个孩子出生后患了产后抑郁症，在初期的8个月内没有得到诊断。聚在一起的时间里，她们分享着各自挣扎的起起落落。在某一周，三位成员同时出现。母亲们安顿好自己后，谈论起过去的一周。

卡伦：我们教会里有这样一家子，家里的一个孩子患癌症去世了。当时那个女孩将近5岁，病得很厉害。我跟他们并不熟，但听到这个消息后，总觉得自己应该做点什么，但实在不知道该做什么。

安：唉，真可怕，她还那么小。

丹尼斯：是啊，我没法想象那会是什么样的场景，虽然没有一种死法比另一种更糟，但是……

卡伦：是啊，真可怕。上周末，我儿子和这家的二儿子出现在同一个生日宴会上，他俩一般大。现在，我并不认识他们，但我能够认出他们来，我在想自己是不是该走上前去说些什么，我发现其他人既不和他们说话，也不表现出他们知道这家人死了女儿。但我想起了你们俩，你们曾说到多次遇到这种尴尬的场景，希望别人能够随便说点啥，至少比保持沉默强。所以，我走上前和他们说话，告诉他们我对他们失去女儿感到遗憾，并且经常会想到他们。我是那么的直白和坦诚，他们告诉我他们非常感谢我能够上前和他们说话。（眼中含着泪水）我这样做是因为我认识你们俩。

安：哇，你那样做真是让人印象深刻，我知道走上前去和别人说这个有多难。

（沉默）

治疗师：我现在在想这个小组多么有力量，你们从彼此身上学到了那么多。

**相互转化：从婴儿到母亲**

这里有一个片段来说明这个现象。

安的第一次怀孕终止于36周，当胎儿莫名其妙地死于腹中后，安很自责。部分出于年龄的压力，她很快再次怀孕。在医生的充分准备下，安的第二个儿子安迪在母亲孕36周时被自然分娩，他是个健康的男孩。在安迪出生后的头几周里，安有要敲打他的头的冲动,这令她备受困扰。当安迪 10 天大时,安的治疗师将她转介给我们的母婴组,作为安个别治疗的附加治疗。治疗师提供了"额外的眼睛"来监控和保护安迪,并支持感到羞愧和极度脆弱的安。在早期的团体聚会里,治疗师注意到安在喂养孩子时,抱孩子的方式有些别扭。看上去她和孩子之间有些距离,活生生地呈现出她与安迪的现实和心理隔阂。想象安迪试图在母亲的心里找到一个位置,对安的关注聚焦在增加她理解婴儿和自己的能力,帮助她给这个活着的、在呼吸的孩子创造内部空间。

安对死去的孩子的哀悼过程是复杂的。她没有多少时间去哀悼丧失,在她的脑海中,死去的孩子和活着的孩子还有些混淆。安需要去探索自己年轻时的成瘾及厌食的历史,探索她对自己内在存在坏的东西谋杀了胎儿的这个幻想,而安迪的存在则持续地唤起了她的内疚。

在最初的几个月里,安迪表现得较为平静,有时看上去缺乏反应,安抱他时他也显得别扭。过了几个月,安迪看起来很怕表现出活力,他一动不动地躺着,好像希望自己不被注意到。安迪 7 个月大时,有一天,治疗中安坐在地板上,把安迪躺着放在她面前。安迪慢慢地看着周围,活动着他的手脚,随后目光停留在母亲的脸上。安开始满含泪水地谈论起她死去的孩子,小心翼翼地避免提及他的名字,治疗师看到安迪的胳膊、腿停止了活动,垂到地板上,面无表情。当他的母亲正在描述她对那未曾谋面的孩子的思念以及对他死去的愤怒时,他则完全静止地躺在地上。瞥了一眼时钟,我们都意识到,对一个 7 个月大的孩子而言,那样直挺挺地躺着,仅有的活动就是眨眼睛,看上去是不大可能的事情，就像一条为避免伤害而装死的小狗。

从这一刻，安表现出明显的成长。她已经能够在脑海中将这两个孩子分开，开始解决那折磨她的病理性的哀悼过程。她能够"去看"眼前这个活生生的孩子和他如何表现活力。安迪现在已经3岁了，可以主动地和自己的母亲以及小组里的其他母亲进行互动。

在温尼科特（1965）的发展框架中，他对发展出被他称为"假我"（false self）的婴儿做了描述。他认为"假我"的发展与重复性的环境失败有关。有一种类型的"假我"的发展具有让婴儿或幼儿增强适应能力的功能。在一位抑郁的母亲面前，婴儿变得极度顺从，显得无欲无求，是个"非常好带的宝宝"。在很多时候，这种"假我"允许母亲康复，并且留下空间让婴儿重新开始，显示出掩藏的"真我"。当安从抑郁中恢复，安迪也开始自由地成长为一个正常的、活泼的儿童。安迪像证人那样见证了安的妄想性病理性哀悼过程，同时也反映了她不可思议的康复。

## 克服代际创伤

我现在介绍一位来自阿拉斯加的母亲，她是小组的另一位成员，她让我们认识到克服一些被内摄了的代际模式有多么艰难。苏珊住在阿拉斯加的一所房子里，无论在地理上还是情感上都与他人隔绝。在生命的最初，她就遭受虐待，在身体和性方面都有创伤。14岁时,她从家里逃跑,摆脱了悲惨命运。从一个避难所到另一个避难所,她的生存技巧和欲望促使她完成高中,最终上了大学,并与一位明确表示支持她的、爱她的可爱男人结婚。然而,她背负着一个永远无法偿还的债:她弟弟的死。她一直在攒钱,想帮助他逃离虐待他们的家庭,然而,就在她还有两周的时间就可以攒够钱的时候,这个青年自杀了。

苏珊加入我们的小组时,是一位年轻的已婚女性,育有一个女婴。她对修通过往经历感到有些矛盾,她不认为她的童年创伤仍然在影响她。治疗师发现苏珊与女儿洛丝之间有很强的纽带,但来自暴力历史的恐惧使她不信任世界,不让任何人照顾女儿,包括她的丈夫。她发展出一个妄想性的信念:她只有时刻保持警惕,才能确保洛丝的安全。

随着时间的流逝,苏珊带女儿参加小组聚会,开始暴露她生命中的故事,并觉察她的过去如何影响她现在的养育方法。由于她曾身处虐待性家庭,她没有一个可行的样板用以发展自己的养育风格,而且明显地挣扎着要逃离恐惧。以下内容是一次聚会的片段。

苏珊在小组里谈论经济压力和找一份兼职工作的矛盾,因为她害怕把女儿交给别人照顾,她只考虑为其他人照顾孩子这个办法。最终,她找到了一个家庭,那个家庭的儿子与洛丝年龄相若,她在一周里同时照顾他和洛丝3天。

苏珊还和小组成员分享了洛丝不好好睡觉,晚上常常醒来的情况。她认为洛丝吃得不够,因为即使白天她既有固体食物,又有奶瓶，晚上她还会多次要奶瓶。我们建议苏珊让洛丝自己入睡，而不是立即回应她的哭声。苏珊承认她很难走远，结果往往睡在女儿的房间。随着她那份保姆的工作日益临近，她变得越来越焦虑，她担心女儿的反应，害怕洛丝无法面对另一个孩子的出现。

苏珊缺席了两周，当我们再次见到她时，她已经工作了三周。另一位母亲伊娃和她的女儿扎黛也在小组里。两个女孩都是9个月大。以下内容是那次聚会的部分过程。

治疗师：苏珊，我们在等待你的新消息呢。你的新工作怎么样啊？

苏珊：还真不错。那个小男孩特别可爱，我喜欢那个家庭，洛丝似乎也喜欢他，爱跟他玩。真是惊喜。

伊娃：哇！你本来很担心洛丝会有什么感觉，你说她那么黏人，还担心不能给那个男孩任何关注。

苏珊：我知道，我那会儿多么担心啊！但她却能立即与他相处，如果我说她现在比以前更加快乐了，听起来会不会有些古怪？你不会相信，但她现在能睡一整夜了。

治疗师：我想你不会相信吧！

苏珊：我知道！而且她大半夜不要奶瓶了。我不明白。其实她在第一个周末与另一个孩子睡觉，能睡一整夜，而且自此之后一直都这样。这让我想起你们曾指出我总是往坏处想。

治疗师：看到她那么开心，你有什么感受？

苏珊：她这么棒，我当然高兴，虽然她变得更独立使我感到有些难过。(停顿)但是,大体上我舒了一口气,因为现在我真的可以睡觉了,虽然我不睡。

伊娃:你不睡觉? 那你干吗?

苏珊:说来奇怪,她能睡了,我倒睡不着了,脑海里总是浮现出一些画面:她被毯子缠着了,不能呼吸,或者在我睡着的时候有人偷偷进来。我知道这是不理性的,但我就是担心。

治疗师:我想你在告诉我们,与你的恐惧、焦虑保持联系是多么重要。你似乎在经历与洛丝的分离,她在改变你。

苏珊:对,她在改变我,我也希望她这样。我不想她如此害怕世界,不希望她像我那样把别人往最坏的方向想。我确实希望她小心一些,但我不知道怎样做! 我的家庭没有给我这样的准备,或者任何东西!

当苏珊开始觉察到她和洛丝是不一样的人,有着不一样的经历,她就能够为自己的生命写一个新的剧本,以帮助她与女儿分离和分化。小组见证了她关于要做一个怎样的母亲的思考,她正在发展自己的想法,而不只是尝试有别于原生家庭而已。她与小组分享了代际创伤的历史,这帮助她获得了关于自己的心智的洞见,并接受一个渴望,即得到可望而不可即的另一个现实。与她的新家庭创造一个新的现实,能够疗愈过去,但无法完全抹掉它。我们坚信小组能够排毒,让象征性思维的能力得以建立。

## 总结

这篇文章是关于母亲与婴儿小组的转化——婴儿之间的，母亲之间的，以及母亲与婴儿之间的。同样值得一提的是治疗师们的心智的转化，甚至包括我（尼迪娅·利斯曼－皮桑斯基）——小组督导的心智。这些小组都有一个非常原始的心智状态，在所有聚会里以各种方式出现，给每一位参与者都带来影响。原始焦虑的投射激起治疗师强烈的反移情反应，它需要被承认、探讨与修通，以产生一个已经被消化的版本，这个版本能够被思考，以对小组材料进行加工。

有几位成员告诉我们，母亲们来到小组的梦想是成为"正常的妈妈"。一个为她们敞开的、在场的心智，以不评判和理解的态度，通过主动回应的方式，一路跟随她们作为母亲的心路历程，似乎能够改变心智状态（Waddell, 1998），帮助她们从恐惧、偏执和强烈投射认同的心智状态，转化成另一个心智状态，容许母亲接近她们的真相，能够忍受心理痛苦，重新获得希望和感恩。

## 参考文献

Aberastruy, A (1972). *El Psicoanalisis de Niños y sus aplicaciones*. Editorial Paidos, Buenos Aires Argentina.

Bick, E (1964). *Notes of Infant Observation in Psychoanalytic*

*Training*. In International Journal of Psychoanalysis, 45: 558-566.

Bion, W (1963). *Elements of Psychoanalysis*. London: Heinemann.

Winnicott, D W (1965). *The Theory of Infant-Parent Relationship*. In the Maturational Processes and Facilitating Environment, 17-55.

Waddell, M (1998). *Inside Lives-Psychoanalysis and the Growth of the Personality*. London: Routledge.

# 从婴幼儿观察到亲子和儿童心理咨询

*施以德*[1]

在尼迪娅·利斯曼－皮桑斯基老师的带领下，我们完成了为期两年的婴儿观察，随后跟随莎伦·阿尔佩罗维茨老师学习工作讨论，跟随西尔瓦娜·考夫曼老师学习"3W 亲子互动辅导"。后来我参加了华盛顿精神病学学院的幼儿观察项目，之后又参加了哥伦比亚大学精神分析研究与培训中心（Columbia University Center for Psychoanalytic Training and Research）的亲子心理咨询培训项目，并开始了相关的临床实践，现在参加了芝加哥精神分析学院（Chicago Institute for Psychoanalysis）的精神分析培训，并在老师的督导下开始了儿童咨询与精神分析的工作。慢慢地，我领会到婴幼儿观察的体验性学习对亲子和儿童工作的重要性。

## 情感强度

我永远记得自己第一次做婴儿观察的经历。

（在经历了一些困难后，我到达婴儿家。）我一进家门，立刻看到一位漂亮的妈妈怀里抱着孩子。我对自己的迟到表达歉意，

---

[1] 原注：本文原文的部分内容为英文，由李斌彬翻译。

她说没事儿。我觉得家具的布置有些奇怪（一张双人床被放置在沙发旁，沙发前有一张婴儿床，导致客厅里满满当当的）。爸爸在我后面说话，好像在解释什么东西。坐在沙发上的妈妈注意到我还站着，就请我坐下，她甚至站起来让我坐沙发。我选择坐在凳子上，这样正对着妈妈和婴儿。然后我发现妈妈正在给孩子喂母乳。这是我第一次见到母乳喂养，觉得有些怪怪的，妈妈则显得很自然，屋子里其他人也表现得很自然。她穿了一件专门设计用来母乳喂养的罩衣，也让我挺吃惊的。我觉得自己好像猛然间侵入了别人的私人领地。然而，孩子的父母并没有觉得被打扰，他们也没有问我什么问题，好像已经准备好接受我第一次探访就开始观察他们一样。婴儿很安静地吸奶，闭着眼睛。我首先注意到的是他黑黑的头发，覆盖在整个头上。我没想到这么小的孩子头发这么密。在观察中，我不确定是否应该收集一些信息，也不确定是否应该说话。

第一次观察中，所有的事情看起来都有些不真实：家具的布置，母婴之间融合在一起的亲密，婴儿的脆弱和对成长的迫切需要之间的反差。我只能用一个词表达自己的感受：震惊。这种感受可能源于一些个人因素，同时也可以把它考虑为观察到的内容所激起的反移情，从反移情角度可以帮助理解，这里有尚未言语化的潜在情绪暗流。妈妈后来向我解释，自从怀孕她就不工作了，因羊水早破而意外剖腹早产，而且几个小时后孩子还没有出来，也许她经历了令她感到震惊的生产过程，而这对新手父母正焦虑地带着震惊的感受适应着新角色。对初生婴儿来说，从子宫迁移到一个陌生的环境，他的世界也彻底改变了，我这个新手观察员就像这个新生婴儿一样，对如何在这个家庭里找到位置，以及在这里会发生什么，都一无所知。一切都在混乱与试验之中，如同这个家庭的家具布置那样。

在精神分析及精神动力取向的心理咨询里，咨询师对反移情的敏感和随时准备迎接惊奇的状态是非常重要的。在亲子和儿童的心理咨询工作中，由于非言语的、行为层面的沟通成为主导，反移情会更加直接和强烈，也许是因为婴儿状态的感受更为原始，在父母和咨询师那里激起的原始焦虑也是同样地具有冲击力。下面我举一个临床片段的例子。

当妈妈带着6个月大的婴儿进来，我说"你好"的时候，婴儿直勾勾地看着我。我让坐在婴儿对面的妈妈和婴儿互动。她试图通过说话来引起婴儿的注意，她给他一个玩具，等着他，不时和我说话。然而，婴儿只是低着头，来回向左右看着，用一只手抓背包带，另一只手抓玩具。婴儿几乎没有停下来看对面的妈妈，好像在闪躲着什么。当互动终止时，婴儿眼里含着一滴眼泪，笑着看了我一眼，好像从某种折磨中解脱了一样。

这里没有尖叫、哭泣和对抗行为，但观察上面的非言语互动的过程让我有些痛苦，我能够感受到婴儿受到一些未知力量的迫害时所感到的痛苦，也能够感受到妈妈被自己的孩子拒绝的痛苦。这种情感的冲击比听某人诉说痛苦时来得更加强烈。

谈到反移情，在婴儿观察/亲子或儿童工作中，常见的一种

|第四章　婴幼儿观察与临床实践|

反移情是认同孩子，甚至产生拯救孩子的幻想[1]。有一次，在婴儿观察小组里我汇报了下面这个片段。

妈妈坐在沙发上，让婴儿（1岁2个月大）坐在她的大腿上，她用奶瓶给他喂水。我注意到电视被设置成了静音模式，这是我第一次看到这个屋子里的电视开着，妈妈喂他的时候看着电视。我感到有些难过，希望妈妈能够看着孩子的眼睛。婴儿在妈妈的帮助下紧紧地抓着奶瓶，当他吸吮时，他先看看妈妈，再看看电视，有时又转过头看看妈妈。我好奇他是否想要一些联结。我试图为妈妈的行为辩护，一定是婴儿睡着的时候妈妈在看电视，所以她想看完这一集。她的注意力在婴儿和电视之间来回交替。婴儿把奶瓶推给妈妈，妈妈假装吸吮并把奶瓶还给婴儿，婴儿又把奶瓶推回来，妈妈又假装喝奶，然后又把奶瓶还给婴儿。过了一会儿，婴儿不再吸吮了。妈妈放下奶瓶把他抱回卧室。

很明显，我认同了婴儿，因而对母亲感到失望，其实她一直在付出并陪伴婴儿，尽管孤独且没有自由。然而尼迪娅的话还是令我感到惊奇："有时候，母亲需要拥有婴儿以外的其他世界。"在此之后，在我和母亲们的临床工作中，尼迪娅的话还是会萦绕

---

1　原注：除拯救婴儿的幻想外，观察者和咨询师也可能有其他类型的反移情，包括认同照料者/权威，个人的创伤被激活，在观察/照顾他人的孩子时对自己孩子的内疚等。［Kramer, S & Byerly, L (1978). *Technique of psychoanalysis of the latency child*. In Child Analysis and Therapy, ed Glenn, J, New York: Aronson, 205-236.］

在我的脑海，我甚至会与母亲们分享，尤其是那些在养育中或充满内疚，或由于过去经历而过度补偿，或有受虐倾向，或追求完美的母亲们。

　　观察员/咨询师容易倾向于认同婴儿，理由很明显：婴儿是那么的娇小可爱，脆弱又完全依赖照料者；相反地，照料者是成人，被期待有能力、有意愿为婴儿提供最好的照料。除此之外，观察员/咨询师内在的婴儿部分也会使其在无意识中认同婴儿，要求照料者成为自己心中的理想父母。这样的认同有利于与婴儿共情，并理解婴儿的需要，但也可能会忽略父母的成人需要，比如，上面的观察材料里提到的母亲的自我照顾，或父母向咨询师提出的求助议题。在和一对母婴工作时，我留意到婴儿的表现比较抑郁，而我却变得焦躁，我示范着把玩具放在嘴里……慢慢地，婴儿开始有所动作了，好像活过来了一样。尽管从婴儿的角度来看，我的干预是合理的，但母亲却眉头紧锁，因为我在鼓励婴儿做她无法接受的事——把东西放在嘴里，因为她最害怕的就是攻击性。对婴儿/儿童过分认同可能使咨询师失去中立的立场，对需要父母参与的临床工作产生不利的影响。

　　过分认同婴儿/儿童可能会妨碍我们客观地看待他们在关系中如何起作用，而将他们看作被动的甚至看作受害者。事实上，即使是婴儿，在他娇小脆弱的身体中的自我，在生命的头几个月就已开始运作了，并对互动中的另一方产生影响，成为父母−婴儿关系的一分子（Rustin, 2013）。温尼科特（1949）也提醒我们，一般婴儿的一些所作所为足以让母亲产生恨意，在一些极端的例子中更是如此。我曾经和一对母子一起工作，无论在家里还是

## 第四章 婴幼儿观察与临床实践

在咨询室，孩子都与母亲打得不可开交，是的，他真的动手打母亲。我能够理解他的暴力行为背后可能的种种原因，然而面对强烈的攻击性，我需要首先考虑如何制止孩子的暴力行为，创造安全的环境，以便大家可以进行沟通。假如我只是认为责任都在母亲那里，我也许是在合理化孩子的攻击性，鼓励他们之间施虐－受虐的关系持续下去。理想化的母婴关系里有一个理想化的婴儿，因此，现实中儿童具备攻击性这一事实难以被承认。在现实中，有些儿童的攻击性是非常残酷的，咨询师需要直面这个部分（Alvarez, 1995; Sugarman, 2003）。

在婴儿观察培训里，观察者有机会去体验原始的情感，从觉察反移情来了解被观察的对象和自己，包括潜意识的愿望和冲突。观察者因为没有干预的负担，而且被鼓励保持观察的位置，从而避免见诸行动以满足自己或者防御焦虑。观察者在小组中被鼓励表达自己的感受、想法、联想，甚至评判，以探索观察到的动力，以及观察者的内在动力，而观察材料以描述性的文字呈现各种活动与互动次序，提供证据支持观察者的判断，或者对之有所保留。同时，讨论小组容纳和消化所出现的情感，使观察者慢慢地从体验、消化和思考的过程中提高对潜意识层面沟通中情绪的敏锐觉察、容纳能力和联想能力，避免以既有知识来防御焦虑（Bion, 1962）。

在观察中，照料者呈现出各种各样的焦虑：我应该叫醒婴儿给他喂奶吗？我应该现在就给婴儿断奶还是再过一段时间？我是称职的父母吗？观察者有时会被问到有关养育和婴儿发育的问题，尽管观察者已经强调自己是来学习的，不会给任何建议。即便如此，有时观察者仍然发现自己在倾听照料者诉说委屈。把这种保持好奇和不急于提供建议的能力迁移到亲子和儿童心理咨询中是至关重要的，虽然父母迫切地寻求指导，但同时他们也在怀疑自己作为父母的能力，并感到羞耻，甚至会嫉妒咨询师，影响咨询联盟（Novick & Novick, 2005）。有时候因为与孩子的福祉有关，咨询师甚至需要主动提出建议，尤其是在出现危机情况的时候。当没有危机时，咨询师如果能够容纳父母的焦虑，让他们可以忍耐焦虑并学会容纳孩子的焦虑，帮助他们去寻找自己的答案，或者通过他们来影响孩子，获得作为父母的自信，则会对他们更有助益。

　　同样是充满情感冲击的咨询过程，在以言语对话为主的成人咨询里，见诸行动（包括言语）是比较容易被觉察的。在与婴儿一起工作的过程中，有时咨询师需要直接与婴儿接触；在与儿童工作的过程中，咨询师利用游戏和表达性工具作为沟通桥梁，儿童往往会邀请咨询师一起游戏，通过游戏与角色扮演去呈现潜意识世界里的内容。这些过程本来就充满行动，咨询师如何在行动的同时保持观察、思考，以便能够使这些过程转化为经过思考的语言或行为，作为具有治疗性的反应，而不是利用游戏和角色扮演来满足自己或者防御焦虑，这可是一个巨大的挑战。在观察性学习里，尤其是在婴儿观察的第二年和在幼儿园进行的幼儿观察的过程中，学步儿与幼儿们常常邀请观察员互动，让观察员陷入两难：拒绝是否会造成伤害？参与是否会变成见诸行动？婴幼儿观察训练临床工作者有节制地与被观察者保持联结，同时保持观察与思考，以了解在互动中所传达的信息和意义。

|第四章　婴幼儿观察与临床实践|

　　学习如何正确甚至完美地养育孩子并非婴幼儿观察的目的，相反地，观察员们从不同的婴儿家庭里认识了不同的养育方式以及不同类型的父母—孩子关系，学会了容纳不可避免的不理想情境，以及在这些情境里的婴儿、照料者和观察员的焦虑和矛盾。婴幼儿观察也使观察者对婴幼儿及照料者的日常生活有了深刻的印象。当我和一位孤独疲惫的母亲交流时，我可以想象她每天经历的可能就像我观察的母亲经历的；当一个幼儿被幼儿园老师投诉而被带来见我时，我的幼儿观察经验提供了一些可供联想的材料。当然，在咨询室里，我必须考虑到来访者的个人特质和其所处的特定环境。

　　为了使读者能够更加直观地了解如何在临床中运用婴幼儿观察的方法，接下来，我将以一个"3W 亲子互动辅导"的教学临床案例[1]进行说明。之所以选择介绍"3W 亲子互动辅导"，是因为它有别于其他的亲子心理咨询方式，在这种辅导过程中，咨询师不仅自己观察，同时也鼓励照料者观察孩子和自己。"3W 亲子互动辅导"是一种以照料者与婴幼儿关系为对象的短期干预方式，经实证证明，十分有效。它以精神动力学与依恋理论为基础，以建立和巩固孩子与照料者的良性互动为目的（Cohen, Muir, Lojkasek 等，1999）。在每次会谈的头半个小时里，咨询师只是观察照料者与孩子的游戏，唯一的指导语是，请照料者跟随孩子做游戏，不

---

[1] 原注：此临床案例来自加拿大多伦多欣克斯—德尔克雷斯特儿童心理健康中心（Hincks-Dellcrest Centre for Children's Mental Health）的录像教材。

主动带领孩子做游戏和跟孩子互动。然后，在余下的时间里，咨询师与照料者讨论，了解照料者观察到了什么，以及照料者如何理解孩子和自己的反应，并探讨这样理解的原因，以帮助照料者认识眼前的孩子和孩子的需要与愿望，减少照料者因自身的养育经验、成长史、创伤史、生理或心理疾病、亲密关系与生活中的压力等，而带进对亲子关系有负面影响的部分。

在饭桌上，两岁半的嘉嘉总是把食物含在嘴里，一动不动。即使妈妈恩威并施，跟她耗上3个小时，嘉嘉也无法把饭吃完，这可能是幼儿时期的厌食症。由于妈妈把大量的时间都花在了哄嘉嘉吃饭上，这两个人就像黏在一起一样，而爸爸和哥哥都被冷落了。这种状况持续了近两年，一家人都对此感到非常忧心。为了解决嘉嘉吃饭的问题，这家人去见了"3W 亲子互动辅导"的心理咨询师罗伊·缪尔（Roy Muir）。在进行评估会谈时，咨询师了解到，在妈妈小的时候，因为姥姥要上班，常常不在家，所以妈妈是由其他的照料者来照顾的，而母女关系并不融洽。在第二次评估会谈中，妈妈猛然想起原来自己小时候也同样拒绝吃饭，为的是让自己的妈妈一直跟自己在一起，这样她就会感觉自己赢了，因此，母女的互动模式里渗透着控制的元素。同时，妈妈想起当年姥姥对自己吃饭这件事所采取的强硬手段，跟现在自己对女儿所做的如出一辙，以前的母女关系模式像录像回放一样，在现在的母女关系中重演。虽然妈妈在认知层面已经意识到这一点，但她仍然需要通过体验的过程来促进自己的领悟。

在这次评估之后的会谈过程中，不爱吃饭的嘉嘉开始喜欢玩喂娃娃吃饭的游戏。妈妈和嘉嘉一起玩这个游戏，按照"3W 亲子互动辅导"的指导方式,妈妈本应跟随嘉嘉所发起的游戏与她互动,然而重复出现的对话却是像下面这样的。

妈妈:做什么早饭好呢?
嘉嘉:(兴高采烈地)做蛋糕和冰激凌!
妈妈:(微皱眉头)这可是做早饭啊!
嘉嘉:是啊!
妈妈:不不不!还是做点儿粥和烤面包吧。

(后来,嘉嘉和妈妈各自喂自己的娃娃)

妈妈:你给娃娃喂什么吃呢?
嘉嘉:面条。
妈妈:面条?好吃。我在喂娃娃你今天早上喝的粥,你看她多喜欢喝粥啊!她一边喝一边笑呢,你看!你看!
咨询师:(朝向嘉嘉)嘉嘉,你现在给娃娃喂什么吃呢?是面条还是粥?
妈妈:喂的什么啊?面条还是粥?
嘉嘉:(轻声而犹豫地)粥……

本来有自己的主张的嘉嘉,最后接受了妈妈的建议,可是这个建议就像妈妈喂她的食物一样难以下咽。在旁边观察的咨询师感觉这种重复的场面非常折磨人,妈妈不由自主地控制、矫正、教育嘉嘉,剥夺了嘉嘉表达自己和进行创造的空间。咨询师竭尽全力地想跟妈妈谈论她的模式，当他尝试请妈妈停下来讨论时，妈妈却继续与嘉嘉互动，把时间和空间都占满了，弄得咨询师非常无奈地结束了一次又一次的会谈。妈妈本来就害怕女儿的问题与自己有关，虽然在评估会谈中，妈妈已经谈到她需要控制关系这一元素，但这一点仍然没有在行为层面上被意识到。妈妈仍然认为嘉嘉的吃饭问题与她没有更早地坚持要求女儿吃饭有关。

就这样，到了第5次会谈时，出现了这样的一幕。

嘉嘉：我们把这只（玩具）狗狗给娃娃吧！

妈妈：你知道吗？娃娃的妈妈会说："那我们要花很多钱来买狗粮哦！"

咨询师：（朝向妈妈）你真是个讲故事的高手，不过没有留下任何空间……我很想听听嘉嘉的故事，我也鼓励你留出来一些空间，听听嘉嘉的故事，看看她有什么想象。

这次互动成为咨询的转折点，当治疗师在此时此地给予反馈时，妈妈才猛然从自己的潜意识的、自动出现的行为中觉醒。不过，这种觉醒还需要时间来巩固。在第8周的会谈后，常常因为吃饭问题跟女儿黏在一起的妈妈有了变化，她开始把一部分注意力转移到儿子身上，而嘉嘉也接受了爸爸更多地参与对她的照顾。妈妈开始容许嘉嘉自己决定吃什么，甚至容许她拒绝吃饭。奇妙的是，嘉嘉反而自己要吃饭了，还要添饭呢！当然，在不注意时，妈妈的旧的模式还可能会出现。

在以上的"3W亲子互动辅导"的案例中，咨询师运用了婴幼儿观察的能力，仔细观察嘉嘉与妈妈的互动细节及情绪变化，并体验自己的情绪反应，从而进一步对这对母女互动中的情绪动力作出假设。咨询师感到受折磨，并且在与妈妈的互动中感到被控制和无可奈何，估计他的情绪反应与嘉嘉感受到的相似。咨询师在认同嘉嘉的同时，他的心里仍然有妈妈，他以抱持的态度去考虑如何让妈妈在行为层面觉察自己的模式。因此，咨询师一直在等待，等待合适的机会到来，在这个时刻提醒妈妈给嘉嘉留出空间。

## 结论

如果婴幼儿观察者想要成为亲子和儿童心理咨询师，仍然需要学习很多东西。婴幼儿观察的体验性学习是英国和欧美一些地区培训亲子、儿童，甚至成人心理咨询师必修的前置培训，它为心理咨询师提供了一种稳固的基础，从情绪理解、理论知识和技术等不同层面，来支撑亲子和儿童的心理咨询知识和技术。

## 参考文献

Alvarez, A (1995). *Motiveless Malignity: Problems in the Psychotherapy of Psychopathic Patient.* In Journal of Child Psychotherapy. 21: 167−182.

威尔弗雷德·鲁普莱希特·比昂. 从经验中学习. 刘时宁, 译. 台北: 五南图书, 2006: 89-118.

Novick, K K & Novick, J (2005). *Working with Parents Makes Therapy Work*. Maryland: Jason Aronson. 43-68.

朱迪思·拉斯廷. 婴儿研究和神经科学在心理治疗中的运用——拓展临床技术. 郝伟杰, 马丽平, 译. 北京: 中国轻工业出版社, 2015: 15-40.

Sugarman, A. (2003). *Dimensions of the Child Analyst's Role as a Developmental Object*. In Psychoanal. St. Child, 58: 189-213.

Winnicott, D W (1949). *Hate in the Counter-Transference*. In Int. J. Psycho-Anal.. 30: 69-74.

Winnicott, D W (1960). *The Theory of the Parent-Infant Relationship*. In Int. J. Psycho-Anal.. 41: 585-595.

Cohen, NJ, Muir, E, Lojkasek, M, Muir, R, Parker, CJ, Barwick, M, Brown, M (1999). *Watch, Wait, and Wonder: Testing the Effectiveness of a New Approach to Mother-Infant Psychotherapy*. Infant Mental Health Journal, Vol. 20(4), 429-451.

# 请个月嫂：婴儿、母亲和月嫂的内在世界

巴彤

塔维斯托克模式的婴儿观察，从本质上可以说是对一个有婴儿的家庭的观察（Bick, 1986）。这样的观察也提供了非常珍贵的机会，如同人类学家在场域中的观察研究，可以亲历当下中国家庭身处的文化背景中的特有现象，获得关于理解婴儿心理和母婴关系的发展的更加丰富和细腻的视角，而这些观察和反思反过来也会为应对临床中类似的情境提供很多帮助。

在我的婴儿观察培训中，我所观察的家庭恰好请了月嫂，由月嫂帮助新手母亲养育婴儿，这让我有机会对中国近年来飞速发展的"月嫂现象"进行近距离的观察，并尝试理解月嫂的内在世界如何与母亲的内在世界互动，以及如何影响婴儿的发展和母婴关系的品质。在临床工作中，由于孕期及产后的心理援助是我工作的一个特定领域，我有一些跟孕产期的女性一起工作的机会，在心理咨询的过程中也对月嫂的影响有特别的体会。

本文试图使用一则婴儿观察和一例临床案例的材料，从内在世界的层面，对母亲、婴儿和月嫂进行较为深入的阐释。希望能够帮助专业工作者和有新生儿的家庭对每个角色的内在世界加以思考，从而引发更多为婴儿心理发展提供帮助的角度。

我所观察的婴儿果果是一个出生于中产家庭的女婴，果果的母亲康霓是一位年近 40 岁的新手妈妈，也是一位很有魄力的职业女性，父亲是一位成熟、温暖而细心的男性，对家庭和婴儿有非

常多的参与和照顾。在婴儿出生前，我作为观察员第一次上门访谈中，康霓提到，因为夫妻双方的父母年事已高，身体不好，他们决定聘请保姆照顾婴儿，并且，她跟我强调："我们决定多花点儿钱，请个专门照顾月子的'月嫂'，而且已经定好了一个月嫂，让她来帮我们3个月。"

　　这个观察是从 2009 年开始的，那时，"请个月嫂"还是一种新兴的做法，这种月嫂服务在当时也仅限于一小部分人群，还没有后来那么大规模商业化的发展。在康霓跟我说请了月嫂的时候，我感觉到许多内在世界未被言说的信息传递出来了，也许她认为父母前来照顾月子是人之常情，需要特别跟我解释为什么父母不能来照顾月子。中国的"坐月子"文化源远流长，从"礼"和医学关怀的角度来看，中国家庭用这种仪式化，表达了怀孕和生育是一个女性身心最脆弱、最需要保护和关怀的时期，也强调新手妈妈自己的母女关系是最重要的一种帮助。康霓用着重强调的口气，告诉我请了**3个月**的月嫂，言语之间表达出某种确定感，将一个面临初产和婴儿照料的原始焦虑寄放于一位有经验的专业人士——月嫂——一个"好妈妈"的照料者形象身上。当一位女性要成为一个新生儿的妈妈，其所面对的原始性的焦虑也会导致一个成人的退行。康霓为自己准备了 3 个月的月嫂服务，也许认同了婴儿一样的原始焦虑，需要为自己的生育准备好一个期待中的"好妈妈"前来照看。第一次家访的经历已经让我感受到，月嫂除了要承担照看婴儿和新手妈妈的家务，其实从一开始也承载了这个时期整个家庭的焦虑。家访中，我看到这个家庭对空间的布置，他们已经把未来的婴儿床跟月嫂的单人床放在同一个房间，显示出了照看责任的分配。

我的第一次观察是从婴儿10天大的时候开始的。我第一眼看到小果果，新手妈妈康霓让她趴在自己的肩上为她拍嗝儿。康霓很小心，告诉我她不敢拍，担心拍得太重了，而月嫂特别有把握。在观察中，我看到月嫂冯姐对婴儿身体的处理极为娴熟，动作很麻利。康霓对冯姐很倚赖，对果果吐奶、大小便的处理，妈妈都第一时间叫冯姐过来，喂奶时也要等冯姐确认到喂奶时间了才喂，冯姐成为这个家庭中照看婴儿和妈妈起居的专业权威。冯姐似乎很享受她的权威地位，甚至还向我介绍她对男婴和女婴的照看有怎样不同的经验。

### 婴儿果果：17天

（冯姐在自己的房间打电话，康霓抱果果抱了好一会儿了。）宝宝哭着，整个头一直在妈妈胸前拱，小嘴噘着，挥动胳膊时扯住了妈妈的衣服。妈妈对她说："我知道你可能饿了，可是我得等阿姨，她说能喂了才能喂啊！可她还在打电话呢。"妈妈试图转移注意力，跟我说冯姐如何有经验，在家政公司受过专业训练，还会帮宝宝做抚触呢。宝宝好像哭得有点儿累了，冯姐还在打电话。妈妈喊宝宝的爸爸过来，问他该不该喂。爸爸说这会儿哭得不厉害，应该还能忍一会儿。妈妈有些心疼地对宝宝说："不是我不喂你啊，爸爸也觉得不该喂啊……"宝宝好像快要哭睡着了。妈妈看到宝宝的鼻腔里有分泌物，问我："她有鼻屎。这么小的孩子有鼻屎算正常吗？"我感到有些压力，此刻，妈妈好像要把我放在专家的位置上。

在小组讨论中，我们认为，月嫂的专家身份已经成为妈妈的依靠，承载妈妈的焦虑，而当婴儿哭泣，月嫂长时间打电话，妈妈失去了依靠，不断尝试把其他人放在可以做决定的"专家"位置上，先是爸爸，后是观察员。

虽然月嫂的权威地位很显著，但是，在观察中，我很快发现母亲和月嫂与婴儿的互动在品质上开始表现出一些微妙的差异。

### 婴儿果果：1个月零1天

（果果睡在沙发上。）宝宝边睡边咧嘴笑了好几下。她的头从朝向侧面挪到了仰面。今天她毫不费力就做到了，上周还要费一番周折才能这样转过头来。康霓喜悦地看着宝宝。宝宝的小嘴在咂摸着，好像在找什么东西吸吮，又像想象中吃奶的样子。"她做梦了吧？"妈妈好像在自言自语。宝宝皱起眉头，试着睁开眼睛，可是眼皮好沉重的样子，睁开了，但又落了下来。她又努力试了一次，又闭上了。妈妈专注地看着，像给电影一帧一帧的画面配音一样，说着："我要醒了……有人会来管我吗……让我再想想……我还是再睡一会儿吧。"这一幕让我想到心理学专业里的行话：调谐（attunement）。妈妈尝试调谐和翻译宝宝半梦半醒的内心状态，这一幕令人动容。

这时冯姐过来了，用手碰了碰宝宝的脸，"你得醒醒了，小坏蛋。你这一觉睡太久了，都3个小时了！起床了，起床了。不然吃完午饭，我睡午觉你又该捣乱喽"。虽然冯姐笑着佯装抱怨，但我感觉刚才那么美妙的母婴内在的联结好像被打断了。

在这次的互动中，妈妈的心智状态中没有太大的焦虑，全然关注婴儿的一举一动，此时，妈妈内在的态度是认可小婴儿的行为动作背后也有一个内在世界，在这个世界中，情绪体验的过程正在发生，妈妈尝试理解并用语言表达出婴儿内心经历的情绪过程，这是婴儿心理发展中最宝贵的营养。而此时月嫂内心则被焦虑占据，以时间节律要求婴儿，并把婴儿投射为一个可能"迫害"自己午觉的人。

我在观察中看到过冯姐的工作记录本，她每天都要清晰地记下婴儿吃喝拉撒睡的时间点，每天几乎要密密麻麻地写满一页，保证婴儿的节律既是她受训技能中的重要部分，也是机构和家庭对她的工作要求，而整夜照看婴儿的任务，也许足以使她为自己的午觉而焦虑。这里看到的妈妈和月嫂跟婴儿互动的微妙差异，也许既有妈妈和月嫂内在世界照料者形象的不同，也有在两个人共同照看时，角色的分工使月嫂承担了相当一部分焦虑，有时辅助了母婴的情感联结，有时又会打断这种联结。

### 婴儿果果：1个月零17天

果果在冯姐的怀里吸着奶嘴。冯姐坐在床边，把孩子的脸冲外抱着……果果眼睛看着窗外，并没有吸吮，好像无声地抗拒着奶瓶。我注意到她脸上有些疹子。这是我第一次看到她脸上有疹子，主要长在额头部位，眼皮上也有一些。我在想，这些疹子会和内在的焦虑有关吗？

冯姐把果果嘴上鱼肝油的痕迹擦干净，看着她说："老师阿姨又来看你啦。她能教你点儿什么吧？她跟你待的时间可能会比我长呢。"果果安静而专注地看着冯姐。冯姐看向我,问:"你还来看她多长时间呢?"我答道:"还有将近两年吧。"冯姐惊讶地说:"哦,这么长时间啊!我可是这个星期天就走了。"我非常惊讶。她解释说家里有急事,等不到3个月了。

在这次的观察中,我也目睹了康霓哺乳时的疲劳和果果吃奶时的无力感。虽然这个家庭里,父亲也是一位相当努力付出的照料者,但当母亲直接的依靠突然被撤掉时,母婴同时都在经历内心极为焦虑的过程。后来,这个家庭努力找了一位新的月嫂接替冯姐。在观察新的月嫂和母婴逐渐建立情感联结的过程中,我也逐渐对月嫂这个群体产生了好奇,并进行思考。在工作中,她们要不断地面对新生婴儿带来的原始焦虑,不断地跟接受照料的婴儿分离,她们内心的原始焦虑会被怎样激活?她们又如何处理那被激活的焦虑?这种心智状态又如何影响母婴关系的建立和发展?

从第一次观察这个家庭起,几乎每一个观察时段中电视都是开着的,如果是冯姐在客厅,电视里播放的永远是连续剧。观察中,我常常看到冯姐抱着婴儿看电视,回避和婴儿的目光接触,或者把婴儿放在沙发上睡觉,自己看电视。直到冯姐离开,我好像突然理解电视连续剧对冯姐可能的意义了。埃丝特·比克用"次级皮肤"(Bick, 1968)的概念来描述婴儿面对原始焦虑时对客体的需求,如同皮肤保持住身体的边界那样,客体可以帮助婴儿维持统整感和连续的自我感。如果没有这样的客体,婴儿可能会发展出"次级皮肤",比如,长久盯着一个光亮的地方,或者绷紧自己的身体,让自己有一种统整感。我理解电视连续剧能够保持住冯姐的注意力,使不断面对分离、切换生活环境的冯姐有一种连续感,可以应对原始的焦虑;同时,它也让冯姐回避了跟婴儿情绪层面紧密的联结,减轻了分离的痛苦。或许,当母亲康霓因月嫂的突然离开而感到无助,无法给予婴儿所需要的"原初母性贯注"(Winnicott, 1956),如同前面一次观察中康霓给果果内心活动"配音"的那一刻,也许这使婴儿的内在焦虑在月嫂快要离开的阶段难以缓解,于是出现皮肤问题。

尼迪娅老师在婴儿观察小组讨论中说过:"一个女人在自己是小婴儿、小女孩时,就开始学习做妈妈了。你看一个小女孩玩过家家,就能知道她内心已经有什么样的照料者的形象。她已经在被照看的过程中内化了自己特定的体验。"在婴儿观察中观察到的月嫂现象,帮助我理解婴儿的父母,也包括其他成年照料者,由自己的照看关系内化而来的人格组成部分,以及相互间对内在世界可能的影响,对婴儿心理发展的影响。而在对孕产妇来访者提供心理帮助的临床工作中,我不再是从中立和不干预的姿态观察,而是有机会从母亲的角度,对月嫂现象有了进一步的理解。在此用一个临床案例加以说明。

舒展是一位 30 岁左右的女性来访者,高中和大学期间因为极度焦虑和抑郁,接受过几个阶段的心理咨询,因而对自己的心理状态有相当的觉知。她前来寻求心理咨询帮助是因为发现自己怀孕,情绪低落,孕吐严重,无法上班,感觉生不如死。她很清楚自己并没有做好成为妈妈的心理准备,用她自己的话来表述就是"我内心没有一个好的母体"。舒展说自己感觉母亲好像从来没有抱过自己,并且因为没有母乳,一直是奶粉喂养,舒展成年后对牛奶极度厌恶。怀孕激发起舒展的原始焦虑和早年的伤痛体验，她担心如此下去，会导致更严重的抑郁。咨询工作从她怀孕 3 个月到婴儿出生后 6 个月结束，总共大概一年的时间。工作频率从初期的一周两次到后来稳定在一周一次。

  在咨询初期，舒展完全无法想象自己的腹中有一个胎儿，她只想知道怎样才能让自己好像生了"病"的身体好受一些。经过 2 个月艰苦的工作，她开始内化咨询过程对她的理解和支持，有了一些心理空间可以想一想胎儿。她描述我"总是笑眯眯的，我觉得是一种善意"时，她也开始把咨询师作为一个足够好的照料者，感受她自己早年缺失的体验。又过了 2 个月，她开始能够讨论孩子出生后如何照看，她自己开始尝试喝牛奶，并且第一次提到一个新的想法：请两个月月嫂帮助照看，半年后也许可以请自己的母亲来帮助照看。舒展很快通过视频面试了一个月嫂，她在咨询中跟我说对面试还挺满意的，描述月嫂为"中年妇女，有经验，挺富态的，笑眯眯的"，这个形象的描述和对咨询师的描述有些接近。此时，舒展内心的照料者形象已经从一个"迫害者"的形象，开始往善意的、可以提供帮助的形象上转化，对丈夫也可以展现出更多的依靠。在舒展临产前的一个月，她做了一个重大的决定：尝试母乳喂养。这是她之前"想一想都觉得恶心"的事，现在她真正可以想象自己成为一个妈妈了。

  后来，舒展顺产生下女儿。从产后的第 7 天，我们开始视频咨询。舒展出现在镜头前，她侧卧着，婴儿在她怀里吃奶，整个咨询时段婴儿都在安静地吃奶。我和舒展都知道，为了这一刻，我们在咨询室做了多少努力，而她的内在世界又一步步发生了多少变化。她告诉我一出院月嫂就来上班了,相处还好。虽然女儿一出生,舒展的父母就从老家来了,但由于她内心对父母的愤怒情绪还很难完全平复,她还是决定让父母回老家,让月嫂在这里照顾。月子里,舒展跟月嫂凡事协商,判断婴儿是饿了还是需要换尿布了,二人共同照顾婴儿,丈夫则在下班后加入照顾。令舒展比较纠结的是,尽管她很希望全母乳喂养,但母乳似乎不够,月嫂更是担心孩子不够吃,长不好,一边给舒展炖各种下奶汤,一边建议混合奶粉喂养。混合喂养的过程中还发生过"乳头混淆",母婴在母乳喂养上经历了很多的对抗和挣扎。舒展注意到自己"信心不足,孩子一闹大,自己的负性评价就起来了,觉得母乳不够,不是个好妈妈"。

婴儿满月后,舒展告诉我,跟月嫂的合约还有两个星期就到期了,婆婆会来帮助照顾一段时间。舒展发现喂奶粉好像很影响母乳,她决定停止强迫自己喝下奶汤,等月嫂一走就断奶粉。月嫂走的时候,舒展压力特别大,觉得孩子很难被安抚,喂奶更加困难了。以下是月嫂离开之后的第一次咨询会谈节选。

(舒展在屏幕上出现,坐在床上,把婴儿抱在怀里,婴儿在睡觉。整个画面极为清晰,舒展告诉我她改用电脑视频了,想平稳一些)

舒:上周还行。月嫂走了快一个星期了。刚开始我挺慌的,真紧张,怕自己一个人弄不了。结果也就第一天难,很快就适应了。可能以前两个人看(孩子),月嫂看,我就玩去了。现在只有我一个人,我得全神贯注,对孩子,我比以前更敏感了。得仔细看她的表情，不能让她急过头，及时喂，她也更有耐心吃，急过头了她就吃不好了。（低头看了看熟睡的孩子。）也不知怎么的，月嫂在的时候，躺着喂，抱着喂，都有困难。现在不一样，躺着喂，奶头一碰宝宝的鼻子，她自己就找到了。以前月嫂帮忙对都对不上。

我：似乎现在只有你们两个人了，是一对一了，你们两个人都更专注了。

舒：我有时候挺后悔的，觉得有点儿被月嫂耽误了。但她也帮了很多忙，尤其是调节我的情绪。天天有人唠叨，这对我还挺管用。

我：对月嫂，你心里挺矛盾的。

舒：是，我感激她，可是她那么专业，那么能干，某种程度上好像替代了我。她走的时候，我心里还挺难过的，都不敢抬头看她。（哽咽着，流了一会儿泪。）她也操心，反复交代别饿着孩子，别较劲儿，不行就喂奶粉。她还提供24小时手机开机，让我有问题就找她。第一天难的时候，我强忍住不去打电话。第二天一早月嫂来电话的时候，我跟孩子都已经稳定下来好多了。现在我有经验了，婆婆来了，我不能让婆婆代替我。我喂奶时把门关上，免得她看见了焦虑，她焦虑也会让我焦虑。对比以前，很多时候是月嫂忍不住焦虑，我又担心被评判，就用奶粉了。现在我懂得把婆婆关在外面，我要跟我女儿做试验了，你们谁都别插手！不要以为你们有经验就可以替代我。别剥夺我学习当妈的机会。

我：哦，那你跟女儿的试验做得怎么样了呢？

舒：我就看啊，猜啊，她这么动，这个表情，是要说什么呢？我就试着说，试着做，再看看她的反应。然后来来回回有几次，她就好了。（一脸的喜悦，之后沉默下来，沉思……）走到今天，这个过程我付出了多少努力啊！

我：是啊，为了这一刻，你做了这么多艰辛的努力。

（舒展流泪……）

后来，舒展如愿全母乳喂养孩子，母乳也很快变得足够了，但她注意到自己的情绪变化会明显地影响奶水的多少。这些跟月嫂共同照看时获得的体验和反思，帮助舒展有意识地调整和其他共同照料者的关系距离。而到婴儿 6 个月大的时候，舒展抱着女儿来到咨询室。当舒展看到女儿脸上茫然的表情，立即跟她介绍这是她熟悉的"老师"，经常在电脑里见到，这里是老师工作的地方。女儿很快面露笑容，自在地东张西望起来。

本文中这些由婴儿观察和临床个案得来的经验，要旨并不在于简单判断月嫂的影响好坏与否，而是从不同的侧面，了解在照看新生婴儿这样一个充满原始焦虑的过程中，除行为层面和意识层面的互动之外，月嫂和新手母亲都有丰富的内在世界，而这个潜意识的互动过程是更为重要的层面。面对一个新生婴儿，这些最初的照料者们的内在世界，在婴儿的先天气质的基础上，非常显著地塑造着婴儿的心理发育和发展。

请个月嫂，事情没有那么简单，在细致的婴儿观察和深入的临床工作中，我们得以思考婴儿、母亲和月嫂的内在世界。而在每一个家庭考虑新生婴儿的照看方式时，无论是否意识到，这些内在的过程都会发生，并产生交互性的重要影响。

## 参考文献

Esther Bick (1968). *The Experience of the Skin in Early Object Relations*. International Journal of Psycho-Analysis. 49: 484-486.

Esther Bick (1986). *Further Considerations on the Function of the Skin in Early Object Relations*. British Journal of Psychotherapy. 2: 292-299.

Winnicott, Dw (1956). *Primary Maternal Preoccupation*. In: Collected Papers: Through Paediatricsto Psycho-Analysis. London: Tavistock, 1958: 300-305.

# 后记

## 在体验中浸润，在观察中长大

巴彤

汇集成篇放在这里的，是当本书的写作完成后，作者和学员们的分享。如果说每篇文章是作者精心呈现的在两年体验的长河中学习的硕果，那么，这里面随江流翻起的浪花，折射出来的是回眸眺望的感慨。

每一个历经婴儿观察和工作讨论学习的人，出发前多多少少都有自己的理论"装备"，如同既有的"指南针"，还有对这个"航程"的期许，无论是从书上看来的观点，还是从同行朋友那里听说的经验，总归是些别人的看法。当这个历程结束，带着自己的亲身体验，回眸眺望，回想涓涓细流的静谧，波涛涌动的澎湃，观察者们体验长河的收获，源源不断地滋养着他们和他们的临床工作。

婴儿观察的主要目的之一是学习婴儿早年的情绪发展。观察者借助每周一次的稳定设置，看到婴儿的心智在与照料者的关系中是如何形成和发展的，同时也感受自己相应的情绪反应。观察员胡斌这样描述她的体验过程。

| 婴幼儿观察：从养育到治愈 |

从婴儿 9 天大起，我开始了每周一次的婴儿观察，到结束时，婴儿 1 岁 9 个月大。回想这近两年和婴儿及其家庭在一起的日子，带给我的启示与收获都是非凡的。

婴儿并不是像人们通常所理解的那样，只是一张白纸，除了吃喝拉撒睡，没有别的。事实上，即使是刚出生几天的婴儿，可能都有着丰富的幻想，这种幻想有时会以一种极端的方式表现出来。在观察中，我看到小婴儿在表达他的幻想时，具有天然的交流能力，而这种交流，无须语言。比如，婴儿的哭泣有时表示饿了，有时表示渴了，有时可能表示别的什么，如果妈妈或其他照料者努力去理解他想要什么，并给予他所需要的，这时宝宝就会展现出安静恬适的表情，仿佛处在极乐世界。如果妈妈没有给他所需，宝宝就会以不同的身体状态来表达他们内心的"不满与恐惧"，比如，频繁地大便或吐奶，甚至有时明明饿了，仍然拒绝吃妈妈的奶，就像那奶水有毒一样。这让我想起温尼科特的名言："没有婴儿这回事。"这就是说，没有一个婴儿可以独自成活，透过婴儿，你会看到他背后的关系。而母婴关系的品质奠定了婴儿成长的基石。

当婴儿一天天长大，与妈妈的分离在所难免时，常常地，我会被小婴儿离开妈妈时那无助又哀伤的神情扰动，同婴儿一道去体会那些令我感到不舒服的情绪与情感，同时去观察小婴儿如何面对这个难题。每当此时，小婴儿那极富创造力的游戏令我着迷，并引发我的思考：是什么使一个小婴儿在面对令人难以忍受的分离焦虑时，可以有如此丰富的表现？正是带着这许多的困惑与好奇，也带着许多被扰动的情绪，我一次又一次地去观察，去体验，

| 后记 |

去思考。

这样的亲眼看到和亲身体会到的婴儿心理诞生的过程，帮助受训者逐渐消弭理论学习和临床实践之间的隔阂。胡斌的回眸远望也反映了这样的过程。

作为一名观察员，在婴儿观察的设置下走进一个陌生家庭，进行一个长程的观察性学习，从一开始，就要去面对各种未知的焦虑，这是一项巨大的挑战，也是我在此过程中最大的收获，恰如比昂所说："带着未知走进每一次的观察，也带着未知走进每一次的咨询。"不仅如此，观察员将不评判、不指导的中立态度渗透到观察之中，小婴儿也能够感觉得到。他习惯并允许我只是在一旁看着他，而当他特别兴奋时，他会拉着我的手带着我去看他的世界。每当此时，我的内心常会涌上一股暖流：小婴儿远比我们想象的更丰富更懂得与人互动。这些无声的互动，常常启发着我的临床思考，也不断地促使我去体会，与来访者在一起工作时最重要的是发自于心的分析的态度，而不是僵硬的技术。

另一位观察员何雪娜也谈到她自己类似的内心历程。

当我开始婴儿观察的学习时，我从未想过我的收获会如此丰富，它不仅加深了我对精神分析理论的理解，也让我在临床工作上取得了更大的突破。

比昂说"从经验中学习"。通过婴儿观察，我们可以看到婴儿与母亲的关系的发展，母亲如何理解和满足婴儿的需求，婴儿的情绪和内心世界的发展，婴儿和观察员如何建立关系，婴儿与母亲以外的家人的关系的发展，以及家庭成员间的互动模式。

而这些观察有益于我对非言语行为的了解，增强对婴儿、母亲和自身情绪的觉察，便于在临床工作中增强对情绪觉察的敏感度。在小组讨论中，同学间分享彼此的观察记录和感受都是我宝贵的学习经验。另外，我在观察中产生的强烈的情绪反应也成为我和自己的治疗师工作的要素，便于自我修通。

在临床工作中，我利用婴儿观察学习到的经验更好地理解来访者，尤其是在非言语环境中，因为在婴儿观察中，我已学习到如何理解婴儿的行为，以及婴儿与养育者"沟通"所蕴含的潜意识意义。

谈及学习婴儿的情绪心理发展过程，观察员戴艾芳也总结了自己的感受。

在婴儿观察中，我可以通过自己的眼睛去观察，用感受去体验婴儿的情绪心理发展过程，尤其是对婴儿非言语信息的理解和学习。在此之前看起来司空见惯的行为或互动，通过观察和讨论，我看到了更加丰富的内涵，并得以更好地理解婴儿的内在世界。这个过程促使我生发出越来越多的好奇，激发出越来越多的联想，使我慢慢地靠近婴儿的世界。

婴儿观察的特殊训练方式增强了受训者对焦虑的承载能力。

| 后记 |

婴儿观察中立、不干预的设置，把观察者放在体验自身最原始的焦虑情景之中，小组讨论的设置发挥了容器的功能，帮助识别和承载观察者的情绪体验，提供反思的空间。观察员郑凯回顾了自己的这一过程。

两年的婴儿观察，使我们得以充分感受观察者的角色，在不主动参与互动的设置下，体验一段真实关系的建立、维持、发展、结束的过程。它使我们观察到婴儿如何以情感交流为主导来进行一个个互动的起与止，也让我们自身有机会体验各种现实情境或内在幻想所激起个人情感的始与终，这是一次难得又难忘的受训经历。婴儿观察带给我很多收获，但我很难用语言去讲述其中最精彩的部分，也许就像天方夜谭里讲述的一样，完整的故事会使人感到枯燥。但当我把它装在心中，面对一个又一个复杂的临床情境的时候，我耐受焦虑的能力会展现出无尽的价值和活力。

观察员戴艾芳也深刻阐释了如何在体验式学习中理解设置的意义。

婴儿观察培训的设置与精神分析治疗的设置保持了一致。在学习中，我们首先要学会遵守观察的设置，就如同治疗中我们要遵守治疗设置一样。在这样的观察设置中，我可以非常直接地体验到设置带给自己的焦虑，我需要跟被观察家庭保持一种匿名、中立、不干预的关系。如何在这样的设置下跟家庭建立一个良好的关系并维持两年是一项非常大的挑战，也是这次培训带给我的最大的收获。观察和后续的小组讨论帮助我觉察自己的焦虑,理解自己的情绪和行为,使我对精神分析治疗的设置有了更加深刻的理解和体会,也对我的临床实践有非常大的帮助。

婴儿观察富有魅力也在于提升受训者对非言语沟通的敏锐度。观察小婴儿和母亲的互动,需要观察者逐渐发展出理解母婴之间非言语情绪沟通的能力,亦即对潜意识语言的理解能力。对此,观察员蔡惠华这样说。

经过近两年的婴儿观察,我从婴儿身上学到了很多。婴儿观察使我重新认识到新生命的鲜活,新生婴儿没有语言,但我深深地感受到,婴儿从一出生就是一个活生生的人!而不像有些养育者说的"婴儿头5个月是'一条虫',只有身体反应和条件反射"。我们观察得越细致,就越能够感受到婴儿除了生理需求、本能反应,情绪反应也是明显的。例如,当妈妈温情地将婴儿抱在怀里时,婴儿显得安静舒适。当突兀的情况发生时,婴儿会出现身体反应,肌肉紧张抽搐、惨哭。当养育者能够感受到婴儿的情绪,并能够抱持和容纳时,显然给婴儿提供了心理空间,并为以后的发展打下了良好的基础。

这些理解帮助我在心理咨询工作中,从所接触到的来访者身上感受到,我们每一个人呈现出来的所有的行为方式和应对模式,都不同程度地折射出早年婴儿与母亲关系的状态。尤其是在应急状况时,一个人呈现出来的应对模式是在婴儿时期与母亲的关系中形成的,这将影响我们一生。这让我们思考:为什么每个人的应对模式是如此的不同?除了天生气质外,这与原初的母婴关系

| 后记 |

是密切相关的!

婴儿观察中，观察者对移情、反移情的觉察和运用也会得到有效的促进。

虽然婴儿观察设置是非干预性的，但由于观察的设置非常稳定，婴儿家庭成员会对观察者发展出各种移情的状况，观察者也会部分认同家庭成员的投射。观察员郭晶昉从自己的亲身经历中感悟道："婴儿观察培训的经历提升了我对自身情绪感受的觉察能力，有助于我在临床工作中理解与处理反移情，它帮助我理解家庭的动力如何影响孩子的成长，并促使我更好地理解心理咨询的部分理论。"她分享了一小段让她感到有意外收获的观察经历。

有一次，我过去观察时，小家伙已经睡得很熟了。屋子里只有我们两个人，我坐在边上，看着他毛茸茸的小脑袋，闭着的小眼睛，长长的睫毛，小巧的鼻子，小小的嘴，还有粉嫩嫩的小手指。特别想摸摸他，亲亲他，欲望一次次升起来，我不得不一直告诫自己不可以那样做。我无奈地握着手，坐在那里继续看着他。慢慢地，思绪开始飘起来，我看到将来我也会有这样一个宝宝，小脑袋毛茸茸的，眼睛大大的，睫毛长长的……最重要的是，我可以抱着他，可以幸福地亲吻他。这时，我突然清醒过来，我问自己怎么想得那么远，早就忘记了观察小家伙。原来当摸摸、亲亲的欲望没有机会实现时，它开始悄悄地推着我向幻想中寻求安慰。面对被观察的婴儿，触摸的愿望是不被允许的，于是我幻想自己有一个宝宝，这种情况下，抱他，亲他，就完全被允许了。

可见幻想是愿望不能被满足时寻求安慰的防御机制之一。同时，我也理解到移置的防御机制是如何产生的。我想亲吻小家伙的愿望不被允许时，我把它换到了我自己的宝宝身上，这样我便解除了限制，实现了愿望。

观察时，常会激起很多感受，不参与的立场要求我只能把这些感受放在心里，不可以受其支使付诸行动。言行一直被克制时，那些感受在行动欲望的推动下变得愈加强烈、清晰，这使我得以更好地觉察与理解自己的感受。

每一名经历两年婴儿观察航程的学员，其原有的理论"装备"在经过充满情感体验的过程中浸润后，又会发生怎样的变化？观察员高宁生动地讲述了她原有的理论理解在重新整合的过程中被充盈的体验。

学习精神分析，我读的第一本书是《精神分析入门》，书中写道："精神分析是一门科学体系……两个充分得到证实的基本的假设是：心理决定论原则或因果原则……心理决定论原则是说，心理现象和我们的躯体现象是一样的，没有任何事情是偶然的或者碰巧发生的，都是由一些先前的事件决定的。"这些字句赋予了我极大的确定感。

然而，两年的婴儿观察训练动摇了我的这种感觉。

现在，每当看到婴儿，我的目光就再也难以从他们身上移动，没有语言的婴儿时时在教会我去读懂他们，这个过程让人感到疲惫，但也充满惊喜。某一刻，我以为婴儿只是无聊的时候，妈妈

| 后记 |

已经把水瓶塞入了婴儿嘴里，我看着婴儿用力地吸吮，这时是我的判断对还是妈妈的判断对呢？我的脑海里回想着我的老师的声音："我们不知道哦。"

面对一个新生婴儿，我们充满了不确定，她的哭声表达的是什么意思呢？是饿了还是困了？是排泄了？还是无聊了要妈妈抱抱？婴儿观察本身也是如此，我们会遇到什么样的家庭？开放的还是谨慎的？这一次观察的家庭会发生什么？我们自己会体会到什么样的情绪？愉快的？困惑的？两年的时间，至少60次的观察，开始了就一定能坚持到最后？没有人知道。

整个观察性学习的过程中，我们不断地回溯那些看到的、感受到的，我们一起去体会，尝试理解和分析观察材料、工作情境，秉持自己的观点，接纳成员的看法，在碰撞中，自我被一次次充盈。

在所有的不确定中，我们所做的重要的一件事就是尝试去理解，不断尝试从各种可能性出发去理解现象，同时在内心获得理解带来的稳定感。这是一种开放而包容的态度，接纳我们终究还有没有理解到的可能，自此获得当下的确定。这如同我们的临床工作，一位来访者告诉你一段经历，你可以推测他的发展在此过程中遇到困难，但是，这不一定是一个一一对应的因果关系，在他的内心如何加工这段经历与他更早期的经历，与他今后心理发展等不确定的因素发生着千丝万缕的关系，而我们可以做的是和来访者一起尝试理解、接纳，反复这些过程，从而获得改变的可能。自此，我对最初获得的确定感有了更多的修正，多因多果、重叠因果丰富着我的理解。

在我接受精神分析训练的过程中，观察性学习塑造了我的精神分析理念。当然,这是此刻的感受,今后我还会这么认为吗?我不确定。

像这样悦纳"不确定"的态度,并从不断尝试理解的努力中获得"稳定感",是很多受训学员都有的感受。这个过程帮助我们逐渐形成精神分析的态度,拓展我们的容纳能力,给我们所帮助和服务的人提供更广阔的成长空间。

# 作者简介

（中文作者按姓氏音序排列）

### 尼迪娅·利斯曼-皮桑斯基（Nydia Lisman-Pieczanski）

医学博士，美籍阿根廷裔儿童和成人精神分析师。她在英国精神分析学会（British Psychoanalytical Society）受训，并成为该学会会员和英国伦敦儿童治疗师协会（Association of Child Psychotherapists, London, England）成员。移居美国后，她成为美国华盛顿巴尔的摩精神分析中心（Washington Baltimore Center for Psychoanalysis）的培训分析师、督导分析师。她根据婴儿观察学习方法创建人埃丝特·比克的设置，在美国华盛顿精神病学学院建立了塔维斯托克模式两年制婴儿观察和一年制工作讨论、幼儿观察项目[1]，并担任项目主席。2009年，她带领第一个北京的为期两年的婴儿观察小组。她是北京麦德麦德教育咨询的科学顾问，该机构致力于观察性学习培训和咨询服务。她致力于写作，并在国际论坛上发表了很多文献，她是《美国精神分析学刊》（American Journal of Psychoanalysis）和《国际精神分析学刊》（International Journal of Psychoanalysis）的书评和文献评论的撰稿者。她与医学博士阿尔伯特·皮桑斯基共同编写了《南美洲的精神分析先驱》

---

[1] 编注：这些项目后来被统称为观察性学习项目。

（*The Pioneers of Psychoanalysis in South America*）一书，该书是"精神分析新书库"（New Library of Psychoanalysis）中的一册，由英国伦敦的劳特利奇出版社（Routledge）于 2015 年出版。此书的西班牙文版在 2017 年由英国的卡纳克出版社出版。目前，她居住在美国华盛顿特区，并在当地执业。

**莎伦·阿尔佩罗维茨（Sharon Alperovitz）**

社会工作硕士（Master of Social Work, M.S.W.），认证独立临床社会工作者（Licensed Independent Clinical Social Worker, L.I.C.S.W.），夫妻与家庭咨询师，并担任美国华盛顿精神分析中心的培训分析师。此外，她还是美国华盛顿精神病学学院观察性学习项目的核心教员，华盛顿精神分析中心"新方向项目－精神分析优势的写作"（New Directions Program－Writing from a Psychoanalytic Edge）的联合主席。

**巴彤**

中国心理学会临床咨询与治疗专业注册系统的注册心理师、注册督导师，国际精神分析协会精神分析师候选人，中美精神分析联盟初级、高级、督导组毕业生，华盛顿精神病学学院会员，麦德观察性学习项目教师。在北京从事心理咨询和临床督导工作。目前在麦德麦德教育咨询独立执业，同时是北京大学心理与认知科学学院临床心理学培训门诊兼职督导。

**蔡惠华**

中国心理学会临床与咨询心理学注册助理心理师，国家二级心理咨询师，湖北省心理咨询师协会会员，美国华盛顿精神病学学院会员，在武汉从事心理咨询工作。获得中国社会科学院研究生学历后，参加多种有关儿童青少年心理服务的培训，2016年完成麦德观察性学习项目培训，成为华盛顿精神病学学院毕业生。目前正参加克莱茵客体关系学派理论与实务系列培训。

### 戴艾芳

南京大学教育学硕士，心理咨询师，中美精神分析联盟初级组毕业，美国华盛顿精神病学学院会员。2015年完成麦德观察性学习项目训练，成为美国华盛顿精神病学学院毕业生，麦德观察性学习项目助教。目前在北京从事心理咨询工作，在麦德麦德教育咨询独立执业。

### 高宁

工商管理硕士，中国心理学会临床与咨询心理学专业注册系统助理心理师，美国华盛顿精神病学学院会员。在上海从事心理咨询工作。2016年完成麦德观察性学习项目训练，并成为美国华盛顿精神病学学院毕业生，麦德观察性学习项目助教。完成中德精神分析连续培训初级组学习，完成中挪精神分析学院制培训初级组学习，曾在武汉忠德心理医院脱产进修。

### 郭晶昉

中美精神分析联盟初级、高级毕业生，华盛顿精神病学学院会员。在北京从事心理咨询工作，在麦德麦德教育咨询独立执业。2014年完成麦德观察性学习项目培训，成为华盛顿精神病学学院毕业生。

### 何雪娜

心理学硕士，国家二级心理咨询师，中美精神分析联盟初级、高级、督导组毕业生，美国华盛顿精神病学学院会员。在贵阳从事心理咨询工作，心理咨询个人执业。2016年完成麦德观察性学习项目训练，成为美国华盛顿精神病学学院毕业生，麦德观察性学习项目助教。长期接受美国和英国精神分析师的督导。

### 胡斌

国家二级心理咨询师，华中师范大学心理咨询与治疗专业研究生，美国华盛顿精神病学学院会员。在武汉从事心理咨询工作，在元方心理咨询私人执业。先后就读于武汉理工大学和华中师范大学。在精神分析领域持续学习与工作十余年，曾在武汉忠德心理医院脱产进修。2016年完成麦德观察性学习项目培训，成为华盛顿精神病学学院毕业生，麦德观察性学习项目助教。近年来持续参加英国克莱茵客体关系理论体系的临床拓展训练。

### 李斌彬

北京大学精神卫生学博士，精神科主治医生、助理研究员。中美精神分析联盟初级、高级、督导组毕业生，华盛顿精神病学学院会员，麦德观察性学习项目教师。现就职于北京回龙观医院心理科，在北京从事心理咨询、临床督导和相关领域的研究工作，在麦德麦德教育咨询独立执业。

### 施以德

美国芝加哥精神分析学院精神分析师候选人，北京师范大学心理学博士（发展心理学方向），英国赫尔大学心理咨询学硕士，

| 作者简介 |

中国心理学会临床咨询与治疗专业注册系统的注册督导师。完成美国华盛顿精神病学学院观察性学习项目，成为华盛顿精神病学学院会员。中美精神分析联盟初级、高级、督导组毕业生，也是美国哥伦比亚大学精神分析培训与研究中心父母－婴儿心理咨询项目的毕业生。在深圳从事心理咨询、精神分析和临床督导工作，在麦德麦德教育咨询独立执业，是麦德观察性学习项目教师。

**杨希洁**

北京师范大学教育学博士，中国教育科学研究院副研究员，中美精神分析联盟初级组毕业生，华盛顿精神病学学院会员，麦德观察性学习项目教师。从事特殊教育的研究、实践工作长达17年，关注儿童心理及行为、亲子关系的问题分析，并为特殊需要儿童家长、教师提供教育咨询。

**张涛**

国家二级心理咨询师，2004年开始接触心理学，2009年开始心理咨询的职业之路。系统接受了心理动力学/精神分析培训与督导及家庭治疗的培训。曾在昆明市儿童医院心理科实习一年。完成麦德观察性学习项目培训。在昆明拥有自己的工作室。

**郑凯**

心理学硕士，国家二级心理咨询师，华盛顿精神病学学院会员。在北京从事心理咨询工作，在麦德麦德教育咨询独立执业。系统接受了沙盘游戏的培训、体验和督导，完成了麦德观察性学习项目培训，成为华盛顿精神病学学院毕业生，麦德观察性学习项目助教。目前正在接受美国精神分析研究院（American Institute for Psychoanalysis）心理动力学咨询师连续培训项目的训练。

图书在版编目（CIP）数据

婴幼儿观察：从养育到治愈 / 施以德主编. --北京：华夏出版社，2018.10（2019.1 重印）
ISBN 978-7-5080-9581-3

Ⅰ.①婴… Ⅱ.①施… Ⅲ.①婴幼儿－行为分析 Ⅳ.①B844.11

中国版本图书馆 CIP 数据核字（2018）第 209780 号

## 婴幼儿观察：从养育到治愈

| 主 编 | 施以德 |
|---|---|
| 副主编 | 杨希洁 巴彤 李斌彬 |
| 责任编辑 | 刘娲 贾晨娜 |
| 出版发行 | 华夏出版社 |
| 经 销 | 新华书店 |
| 印 装 | 三河市万龙印装有限公司 |
| 版 次 | 2018 年 10 月北京第 1 版 |
| | 2019 年 1 月北京第 2 次印刷 |
| 开 本 | 880×1230 1/32 开 |
| 印 张 | 9 |
| 字 数 | 192 千字 |
| 定 价 | 59.00 元 |

**华夏出版社** 地址：北京市东直门外香河园北里 4 号　邮编：100028
网址：www.hxph.com.cn　电话：(010)64663331(转)
若发现本版图书有印装质量问题，请与我社营销中心联系调换。